Ⓢ新潮新書

岩田清文 IWATA Kiyofumi
武居智久 TAKEI Tomohisa
尾上定正 OUE Sadamasa
兼原信克 KANEHARA Nobukatsu

自衛隊最高幹部が語る

台湾有事

JN030449

951

新潮社

まえがき

台湾の桃園国際空港は成田から直行便で約4時間、那覇からなら約1時間半の距離にある。台湾は、日本人が気軽に外国旅行をするのに格好の地だ。人々は親日的で、日本語の通じる店も多い。コロナウイルス前には年間約200万人の日本人が台湾を訪れ、台湾からは人口の2割強に当たる約500万人が毎年日本に来ていた。台湾人にとって、日本は唯一無二の大切な隣国である。

北京と台北の双方を訪れたことのある者なら、誰しもが空港に降り立ったときの「空気感」の違いを感じるであろう。冷たく張り詰めた北京と、暖かく伸びやかな台北。その差は単に気候の違いによるものではなく、国家体制の違いによるものであることは言うまでもない。

日台間には頻繁な人的往来や緊密な経済関係がありながら、我々は台湾についてさほど真剣に考えてこなかった。最大の理由は、日中国交正常化（1972年）によって日本が台湾と断交して以来、日台関係は経済を中心とする実務交流に限られ、公式の政府間交流がほとんどなかったことである。特に安全保障の分野に関しては、日台間の交流は今もって空白のままだ。

中国は2019年1月2日、習近平主席が五項目からなる包括的対台湾政策を発表して以降、台湾統一には武力行使も辞さないと声高に主張し続けている。また、南シナ海や東シナ海では国際法を無視した一方的な現状変更を繰り返し、コロナウイルス情報の隠蔽への批判が高まると世界で「戦狼外交」を繰り広げるなど、脅迫的な姿勢を鮮明にしている。台湾有事が「現実の脅威」に高まってきたことは、もはや誰の目にも明らかだ。

こうした状況を受け2020年秋、市ヶ谷にある「日本戦略研究フォーラム（JFSS）」は、政治と国民の意識を啓蒙することを目的に、台湾海峡危機に関するプロジェクトを立ち上げた。本書を執筆した4名に、中国専門家である東京国際大学の村井友秀教授を加えた5名がコアメンバーとなって検討を重ね、2021年3月、台湾海峡危機を題材とした政策シミュレーションを行う方針を決めた。

台湾海峡危機を「見える化」する

いかなる形にせよ、台湾海峡の平和が損なわれる事態は必ず我が国に波及する。

台湾と与那国島との距離は約110㎞。時速900㎞で飛行する戦闘機で約7分間の近さにある。中国の短距離および準中距離弾道ミサイル約1600発は南西諸島全域を射程に収め、台湾海峡危機が武力衝突にエスカレートした場合には、我が国の上空をミサイルや戦闘機が飛び交う可能性を否定できない。また、中国が台湾を外部から物理的に隔離しようとすれば、与那国島や尖閣諸島の領海にも中国海軍艦艇が遊弋するであろう。1994年11月に発効した国連海洋法条約が領海幅を12海里（約22㎞。1海里＝約1・85㎞、以下同）に広げてから、東シナ海のような半閉鎖海で紛争が起きれば、必ず沿岸国を巻き込むのである。

台湾海峡はバシー海峡とともに、南シナ海を利用する日本関係船舶の主要な海上交通路となっている。台湾有事に二つの海峡が通行不能となれば、これらの船舶は南シナ海を避けてセレベス海からフィリピン海へと大きく迂回せざるをえない。また、危機が武力衝突にエスカレートし、米国が台湾防衛に乗り出せば、西太平洋全域が交戦区域となって、我が国を出入する全ての船舶が中国の各種ミサイルの脅威に晒《さら》されることになる。

台湾海峡危機は、日本の経済活動に甚大な影響を及ぼす。台湾から半導体の供給が止まれば世界経済が麻痺する。我が国がアメリカ（台湾）側に立てば、中国に進出している約1万3600社の日系企業と約11万人の邦人はハラスメントの対象となるであろう。そのような事態が生起したとき、我が国の防衛、経済、国民生活にいかなる影響が及ぶのか。その影響を最小限に抑えるためには平素からどのような備えが必要か。コアメンバーの関心はそこにあった。

想定される事態様相や、我が国が抱える課題を可能な限り「見える化」するにはどうすればいいのか。紆余曲折の末に辿《たど》り着いた結論が、グレーゾーン（有事とも平時とも言えない状態）から武力衝突の開始までの政策決定過程を検証する「政策シミュレーション」であり、統裁官がプレイヤーを一方通行で統裁する形式の「机上演習（table top exercise：TTX）」であった。

シナリオで最も重視した点は、有事法制（武力攻撃事態対処関連3法、2003年）と平和安全法制（2015年）が台湾海峡危機にうまく機能するか、また関連する制度や計画に不備や欠落がないかを検証することであった。特に、有事法制は制定から18年を経て、戦略環境の変化に対応していないのではないかという問題意識があった。また、平和安全法制は、武器等防護のようにすでに実施に移っている部分がある一方で、実効化のための措置が十分にとられていないと思われる部分も少なからず残されていたため、検証する必要が認められた。

全体をデザインするにあたっては、1995〜96年の第3次台湾海峡危機を参考に、事態の烈度と規模を変えた3種類のシナリオを用意した。これに、重要ながら検討される機会が少なかった終戦工作を加え、独立した4種類のシナリオを作成した。

シナリオは、①グレーゾーン事態が長期間継続する事態、②台湾全島が物理的かつ通信情報的に隔離される事態、③中国が全面的に武力侵攻する事態、そして④中台紛争の終戦工作である。

本書に収録された四つのシナリオを通して読むと、事態がグレーゾーンから徐々にエスカレートしていき、最後は中国の武力侵攻に至る「連続したシナリオ」と映るかもしれない。そのように読んで頂いても差し支えないが、これは各シナリオが「時間軸の基点」を2024年の台湾総統選挙に置き、リスト・アップした検証項目に適した内容をデザインして並べた結果であって、それぞれのシナリオは基本的に独立した構成になっている。したがって、各シナリオには類似したイベントが重複して登場している。とりわけサイバーについては、攻撃と防御の両面で我が国の安全保障上の最大の弱点であるとともに、ロシアのクリミア併合やウクライナ侵攻等で実際に多用されたことにかんがみ、可能な限り多くのイベントを盛り込んだ。いずれも過去に発生した事案を参考に作成しているため蓋然性は高く、我が国でも起こりうる事態である。

実務経験豊富なプレイヤーの参加

実際のシミュレーションは、2021年8月14日、15日の2日間にわたって、東京のホテルグランドヒル市ヶ谷で行われた。それぞれの分野で経験豊かなプレイヤーが、与えられた役割に徹して活発に議論を重ねた結果、台湾海峡危機に関する我が国の安全保障政策について、多くの課題を浮き彫りにすることができた。

プレイヤーには、閣僚経験者を含む安全保障政策・防衛政策に造詣が深い現職の国会議員の参加を得た。いかに優れた政策であっても、政治が決断し方向性が明示されなければ動かない。とりわけ国家主権にかかわる意志決定は、ひとえに政治のリーダーシップにかかっている。シナリオには現実に起こるであろう各種の圧力を随所に盛り込んだ。読者には、政治家が、生起した事態と現行制度の狭間で苦悩しつつ、意志決定する様子を読み取って欲しい。

　その他の参加者も全員、近年まで日本政府に奉職していた関係者である。国家安全保障局の創設メンバーであり、我が国の安全保障政策の立案に深く携わった経験を有する2名の元国家安全保障局次長の参加は、シミュレーションから実効性の高い政策提言を引き出す鍵であった。また、元外務省国際法局長と元経産審議官には、外交や経済政策の視点から多くの貴重なコメントを発信してもらった。

　自衛隊からは退官して間もない陸海空将官を招き、自衛隊部隊を運用する視点から、現行の安全保障法制を台湾海峡危機に適用した場合の問題を検証してもらった。前述のとおり、シミュレーションの目玉の一つに位置づけたサイバーについては、抜群の知見を有する専門家を招き、シナリオをデザインする段階から関与してもらった。

　今回の政策シミュレーションで、台湾海峡危機における課題をあぶり出すことができたとすれば、そのすべてはプレイヤーとして参加いただいた方々、そしてシナリオデザインに参画していただいた方々のご尽力の賜である。心から御礼申しあげる。

　本書に収録したシナリオのストーリーは、実際に行われたシミュレーションでのやりとりを参照して、著者たちで作り上げたものである。重複している部分は多いが、必ずしもすべてのやりとりが実際に行われたものではない、という点は付言しておく。
なお、本書の出版に当たっては、新潮新書編集部の横手大輔氏に大変お世話になった。横手氏の御助力なくしては本書の上梓はなかった。著者を代表し、この機会を借りて深く御礼を申しあげたい。

武居智久

2022年4月

日本戦略研究フォーラム（JFSS）主催の政策シミュレーション参加者

配置	氏名	役職等
統裁部		
実施責任者	屋山 太郎	JFSS会長
実施副責任者	長野 禮子	JFSS事務局長
統裁部長	岩田 清文	元陸上幕僚長（元陸将）
副統裁部長／記録主任	武居 智久	元海上幕僚長（元海将）
シナリオ統制	内山 哲也	元海上訓練指導隊群司令（元海将補）
記録係	佐藤 裕視	JFSS研究員
記録係	矢嶋 崇浩	JFSS研究補佐
ホワイトセル		
リーダー（兼）外交・安全保障関係	兼原 信克	同志社大学客員教授、元内閣官房副長官補兼国家安全保障局次長
米国関係	尾上 定正	元空自補給本部長（元空将）
中国関係	村井 友秀	東京国際大学教授、防衛大学校名誉教授（東アジア安全保障）
台湾関係	渡邊 金三	前日本台湾交流協会台北事務所（元陸将補）
サイバー関係	大澤 淳	中曽根康弘世界平和研究所主任研究員（サイバー安全保障）
メディア関係	有元 隆志	「正論」調査室長
日本セル		
内閣総理大臣	浜田 靖一	衆議院議員、元防衛大臣
内閣官房長官	細野 豪志	衆議院議員
国家安全保障局局長	髙見澤 將林	東京大学公共政策大学院客員教授、元軍縮会議日本政府代表部大使
外務大臣	石井 正文	学習院大学特別客員教授、前インドネシア駐箚特命全権大使
経済産業大臣	片瀬 裕文	元経済産業審議官
防衛大臣	長島 昭久	衆議院議員
統幕長	住田 和明	元陸上総隊司令官（元陸将）
陸上自衛隊	本松 敬史	元西部方面総監（元陸将）
海上自衛隊	渡邊 剛次郎	元横須賀地方総監（元海将）
航空自衛隊	荒木 淳一	元航空教育集団司令官（元空将）

政策シミュレーションの構成

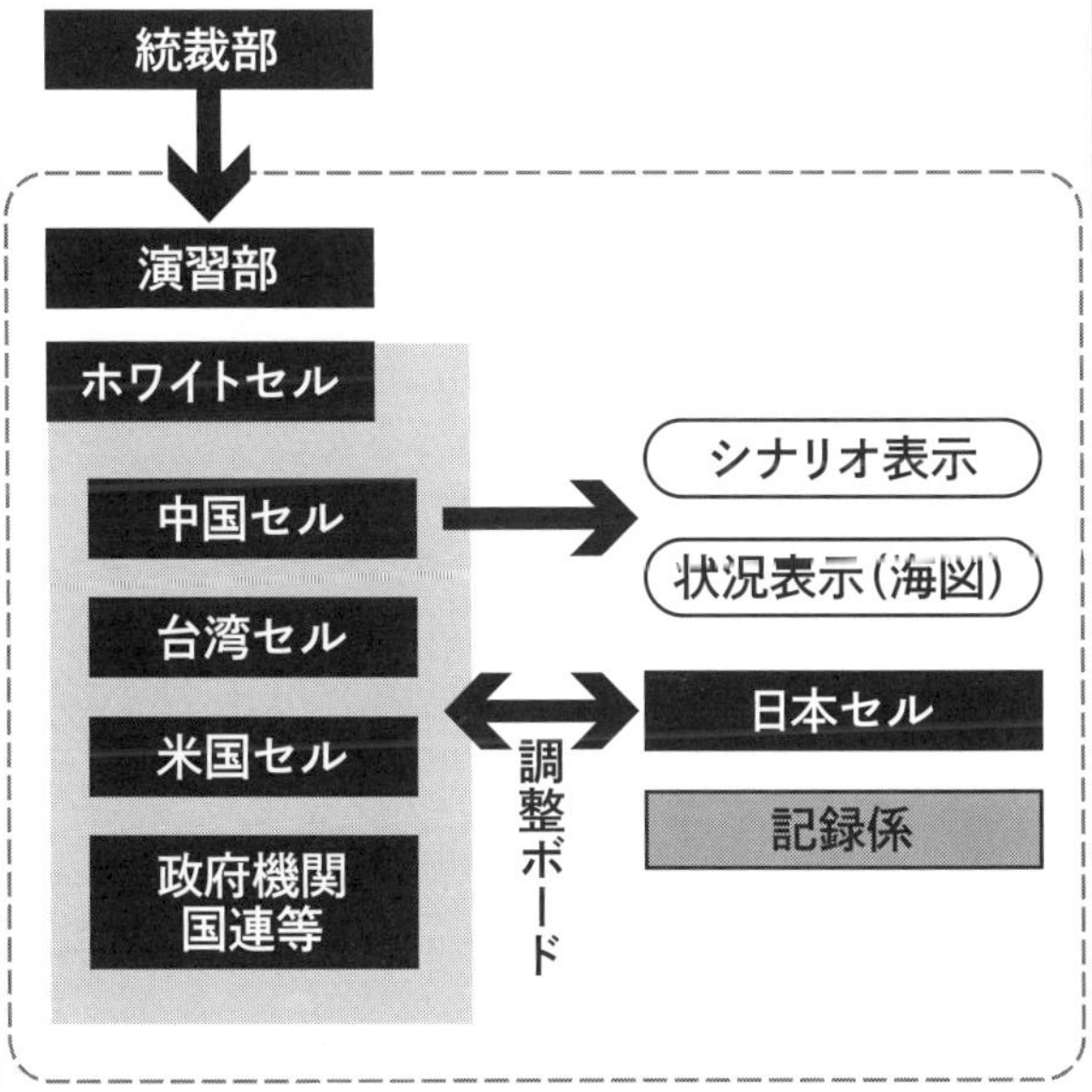

自衛隊最高幹部が語る台湾有事——目次

左派系メディア、親中派議員などがFONOPs反対を表明
浮き彫りになる日台間の連絡の不在
船舶の保険料が戦時並みに上昇
国連、韓国、アメリカの反応
台湾機、石垣島に緊急着陸
アメリカ、日本への中距離ミサイル持ち込みを要請
有事における邦人保護という課題

シナリオ②　検疫と隔離による台湾の孤立化　ベルリン危機(1961年)型

シナリオの概要
新型コロナの10倍の感染力?
海底ケーブル切断で、台湾が情報孤立状態に
中国、台湾の海上封鎖を実施
緊急事態大臣会合
封鎖によって干上がる台湾
非戦闘員の退避を検討開始
意見が割れた国家安全保障会議

シナリオ③　中国による台湾への全面的軍事侵攻

シナリオの概要
中国の着上陸侵攻準備か？　海洋観測用の海中グライダー発見
独立の動きが軍事侵攻を誘発？
米国、日本政府に支援要請
自衛隊による邦人輸送は困難？
南西諸島への陸自部隊の早期展開
軍事対立を前提に、核による抑止も想定
サイバー攻撃による台湾の混乱
対立の激化、進む戦争準備
中国、ついに軍事侵攻開始
中国の破壊工作、経済団体の反対、官邸の判断
島に残った住民をどう守るのか？　サイバー反撃は？
中国軍、台湾への着上陸作戦開始
尖閣諸島が占領された！
先島諸島防衛と尖閣諸島奪回の2正面作戦は可能か？
アメリカ、台湾防衛作戦を開始
中国の関与により、与那国島が独立を宣言

第4章　戦時における邦人輸送と多国間協力

第一部　台湾有事シミュレーション

序　想定する背景

以下に述べる独立した四つのシミュレーションでは、すべて共通した背景を想定している。

第3次台湾危機（1995～96年）では、中国が台湾総統選挙に台湾沖ミサイル発射演習をもって軍事的に介入する形で起こったが、次回の台湾総統選挙（2024年）でも、中国は軍事的に介入する可能性がある。また習近平主席は、中華民族の復興のために台湾の回復が不可欠であると考えており、いわゆる「戦狼外交」や新疆ウイグル自治区の人権侵害によって西側諸国が対中圧力を強めるなか、3期目の国家主席の地位を正当化するためにも台湾ファクターを利用する可能性が高い。

2022年5月までの台湾海峡情勢

台湾海峡危機は過去に3回あった。第1次危機（1954〜55年）では、中国沿岸部の島嶼の支配をめぐって中国共産党（本土）と国民党（台湾）が激しい戦闘を繰り広げた。

第2次危機（1958年）は、中国人民解放軍が台湾の金門守備隊に対し砲撃を開始したことによって始まったが、アメリカの台湾支持と武器の供与によって戦局が台湾有利へと傾き、人民解放軍による金門島奪取が失敗して終結した。

第3次危機では、中国が台湾総統選挙への軍事的な介入を試みた。蔣経国総統の死後、後を継いだ李登輝総統は台湾の民主化を進め、96年3月に台湾初となる総統直接選挙を実施した。それに先立ち人民解放軍は、台湾海峡で大規模な軍事演習とともにミサイル発射実験を行った。この時、米国政府は2隻の空母機動部隊を台湾海峡に派遣し、エスカレーションを防止するため示威行動を行って事態を沈静化させた。

2004年3月、台湾独立志向を持つ民主進歩党（民進党）の陳水扁が中華民国総統に再選されたあと、中国は台湾国内に独立志向が強まる事態を牽制するため「反国家分裂法」（2005年3月）を制定した。両岸関係は一時的に緊張し、この状況は国民党の馬英九が総統となるまで続いた（2008年5月）。

馬英九総統のもとで両岸の経済関係は深化し、人的交流も活発化した。また、中国の容認を背景にして台湾の世界保健機関（WHO）へのオブザーバー参加が認められるなど、台湾が国際的に活動する機会も増えていったが、2016年5月に民進党の蔡英文が台湾総統に就任すると両岸関係は目に見えて冷却化した。

習近平主席は2019年1月2日、包括的対台湾政策「台湾同胞に告げる書」を示し、中国と台湾が一国二制度のもとで平和的に統一を目指す「習五項目」を発表。「中国の夢」の実現には中華民族の復興とそれを実現する台湾統一が不可欠であることを強調した。

習近平は台湾には一国二制度に基づいた統一を説く一方、香港の一国二制度を実質的に終了させた。香港政府は2019年4月に「逃亡犯条例」の改正案を立法会に提出したが、民主化運動の激化を受け、10月に改正案を撤回。しかし民主化デモは収まらず、香港警察（＝中国共産党）は次第に強制力を使って制圧と逮捕を繰り返すようになった。香港の発展を支えてきた高度な自治権と法の支配が否定された事実は、2020年の台湾総統選挙に大きく影響した。

２０２０年1月11日、台湾総統選挙の投開票が行われ、現職の与党・民進党の蔡英文が、約８２０万票（得票率約57％）を獲得して圧勝した。２０２０年6月30日、中国は香港での反体制活動を禁じる「香港国家安全維持法」を公布し、香港政府は同日夜に施行した。国際社会は強く非難したが、香港政府は同法を使って民主化運動の指導者たちを次々と投獄した。中国が台湾よりはるかに小さい香港ですら「一国二制度」を許容しないことが明らかになり、台湾では「一国二制度」による台湾統一は非現実的と受け止められるようになった。

２０２０年1月、新型コロナウイルス（ＣＯＶＩＤ－19）の蔓延を契機に、中国は対立的・攻撃的な修辞を多用する「戦狼外交」を世界中で展開するようになった。中国国務院外交部の報道官はもとより、世界中の在外中国公館の高位外交官が、半ば脅迫的な手法で相手国政府に圧力をかけ続けた。

中国による強圧的な政策は東シナ海にも及んだ。中国海警局は尖閣諸島へのプレゼンスを強化し、２０２０年には中国政府公船が計３３３日接続水域に進入し、領海への侵入は29日にも及んだ。また、中国海警船船は尖閣諸島領海内で操業中の日本漁船に接近し追尾する行為を度々行い、同年11月に至っては日本漁船に海域から退去するよう警告するなど、現状変更の試みを徐々にエスカレートさせていった。

2020年5月、蔡英文総統の第2期政権がスタートしてから、中国政府は台湾への圧力を一層強めた。これに対し、日米政府首脳は日米首脳会談（2021年4月）で中国政府の活動への強い懸念を表明するとともに、共同声明ではニクソン―佐藤会談以来52年ぶりに台湾海峡について触れ、「台湾海峡をめぐる問題の対話を通じた平和的解決を促す」の一文を共同声明に盛り込んだ。

中国は2020年以降、台湾周辺での軍用機による活動を増強している。これに対応するため台湾空軍の緊急発進が急増し、経費の増大、待機態勢の維持、訓練時間の減少等の影響が生じており、台湾海峡情勢はグレーゾーン（有事とも平時とも言えない状態）における消耗戦の様相を呈するに至っている。

2021年以降、イギリス、フランス、ドイツ、オランダ各政府は西太平洋地域に海軍艦艇を派遣し、南シナ海で法に基づく海洋秩序を維持するデモンストレーションを行っている。QUAD（日米豪印）に加えて、西側諸国の多くが域内の秩序維持に積極的に関与するようになった。

しかし、中国政府は「戦狼外交」を改めないばかりか、逆に弱小国に対する覇権主義的な政策や活動を強めた。軍民融合戦略を強化し、サイバーや留学生等を使って先端技術を窃取し、国内開発技術も併せて軍事能力を著しい速度で向上させている。人民解放軍はすでに、ＡＩを活用した無人航空機（偵察、攻撃）、海上・海中無人艇（偵察、攻撃）では米軍と比肩する能力を獲得した。加えて、中国本土から約３０００㎞までを覆域とする偵察—攻撃複合体（ミサイル打撃力）の能力を向上させ続けている。

中国政府が関与する「情報窃取型」サイバー攻撃は、台湾当局の政府文書や政府内データを入手する目的で20年前から断続的に行われてきたが、２０１８年ごろから新たに四つの攻撃グループ（APT40、Mustang Panda、日本にも攻撃を実行しているBlackTech及びTaidoor）が、10の台湾政府機関と政府関係者など６０００人のメールアカウントを標的として攻撃を実行している。最近、中国の攻撃グループの攻撃態様は、従来の標的型攻撃（メールにマルウェアを添付する攻撃）からリプライチェーン攻撃（標的機関にＩＴサービスを提供している企業を攻撃し、そこを足がかりとして標的機関に侵入）に変化してきており、今回の攻撃では政府機関が利用しているＶＰＮが攻撃対象となった。また、個人情報がバルクデータ収集の一環で狙われる事例も発生しており、政府当局者が利用するＬＩＮＥアカウントへのハッキングも発覚している。

中国政府は、情報戦・世論戦の一環としてアジア各国の選挙に対しても「情報操作型」サイバー攻撃を行っている。台湾に対しては、2018年の統一地方選挙で大規模な介入が行われたといわれる。この選挙では、与党民進党候補が国民党候補に相次いで敗北したが、特に高雄市長選挙で野党国民党の韓国瑜候補が事前予想を覆す形で当選したことが注目される。この選挙では、中国政府が関与するネット部隊が、フェイクニュースの拡散や韓候補のSNS支援を大規模に行った。この結果、韓候補を支援する「韓粉」と呼ばれる熱狂的な支持者が突如大量に現れたと分析されている。なお、韓高雄市長は2020年6月のリコール投票成立によって罷免された。

台湾では2020年の総統選挙が迫る中、中国による世論浸透を防ぐために、2020年1月から「反浸透法」が施行されている。反浸透法では、国外の敵対勢力による選挙運動やロビー活動が禁止され、また、中国による情報戦を念頭に、選挙に関連した虚偽情報の拡散も禁止された。

中国国内では2016年以降、国家安全部と人民解放軍のサイバー攻撃における役割分担の明確化が進んでいる。政治・政策情報の収集は国家安全部傘下の部局が、技術情報、安全保障関連の情報収集は人民解放軍傘下の部隊が、それぞれ担うようになってきている。また、従来人民解放軍で台湾を担当する部隊は、湖北省武漢市に駐屯する61726部隊（旧総参3部第6局）であったが、現在は日本や東南アジアを担当していた部隊も台湾へのサイバー攻撃に関与するようになってきている。

2022年5月以降に想定する情勢

日本海と南西諸島付近の東シナ海で、船舶自動識別装置（AIS）を断った小型貨物船（国籍パナマ、リベリア等）が海自哨戒機によって度々確認されるようになり、海上保安庁が警戒を強めている。また、短期滞在ビザで訪日した中国人観光客が90日を超えても出国しない事案や、那覇港や佐世保、長崎に寄航した中国クルーズ船から10名単位で行方不明者が出る事案が頻発したため、出入国管理が厳格化されるとともに、警察は重要インフラや米軍施設周辺の警戒を強化した。

朝鮮半島では、北朝鮮が開発速度を落とすことなく弾道ミサイル開発を継続している。

韓国では、2022年3月の大統領選挙で保守系の最大野党「国民の力」の尹錫悦《ユンソギョル》候補が、文在寅《ムンジェイン》大統領の後を受けた与党「共に民主党」の李在明《イジェミョン》候補を僅差で破って当選したが、野党が多数を占める国会と大統領府との「ねじれ」状態によって政権運営が混乱し、また国内世論も分裂して収拾がつかず、政治的に不安定な状況が続いている。

米国では、トランプ支持派が根強い勢力を維持するとともに、2022年11月の中間選挙で共和党が勝利したため、2024年の大統領選に向け、国内の分断と対立はさらに深刻化した。共和党系メディアは、バイデン政権が専制主義国に対して弱腰であるとのキャンペーンを展開し、特に中国に対する政治姿勢が宥和的であるとのイメージを拡散させている。

欧州では、ロシアがウクライナ東部への侵攻（2014年）に続き、2022年2月24日にウクライナ全域への大規模侵攻を開始した。これに対し、欧州諸国は一丸となって対露対決姿勢を鮮明にするとともに、NATO（北大西洋条約機構）は防衛態勢のレベル（DEFCON）を引き上げ、ポーランドやバルト三国の防衛態勢を強化した。また、中立国を含む欧州諸国は、ウクライナへの大規模な軍事支援を表明し、ロシアとの商取引を相次いで中断あるいは解消し、国際決済システムからロシア企業を切り離すなど、かつてない規模と強さの経済制裁を発動した。

中国の軍事戦略における防衛ライン

当初、ロシアの軍事侵攻はウクライナの激しい抵抗に遭って各所で停滞したが、徐々に東部の大都市での占領が進むに連れ、一般市民への被害を局限する目的で停戦が実現した。しかし、ウクライナ国内では両国軍隊の対峙状態が継続し、武器の使用を含む小競り合いが散発するなど、事態解決に向けた道筋は付いていない。

中東では、イランの核開発に対するイスラエルの先制攻撃の可能性が高まっている。また、ロシアは2021年5月以降、中距離爆撃機「Tu-22M3」3機をシリア西部ラタキア県にあるフメイミム空軍基地に派遣し、地中海のパトロールを実施している。ロシア海軍も、シリア西部タルトゥースに駆逐艦部隊を常駐させ、地中海を定期的に巡航している。一方アメリカも、ロシアのウクライナ侵略の陰でシリア―イスラエル間の軍事的な緊張が高まっていると判断し、地中海への空母打撃部隊の増派を決めた。

2021年11月、新型コロナウイルスの発生源について中国政府の隠蔽体質が国際社会で問題になった。また、新疆ウイグル自治区の人権侵害について新たな状況が内部情報によって暴露されるに及び、一段と批判を強めた欧米諸国の一部は、北京冬季五輪(2022年2月)を外交的にボイコットした。習近平は、五輪開会式に出席するために北京を訪れたプーチン大統領との首脳会談においてロシアへの理解を示したが、ロシアのウクライナ侵略が開始された後もこの姿勢を改めなかったことに対して国際的な批判が一気に高まり、習近平の権威は少なからず失墜した。習近平は第20回中国共産党全国代表大会（2022年）で、3期目となる党総書記にかろうじて選出されたが、異例の3期目に対して党内での根強い批判があり、党内の基盤は盤石ではない。また、国内では貧富の差が拡大するばかりか、国内経済への統制強化、労働人口の減少傾向と高賃金化によって外国企業が製造拠点を国外に移転する動きが継続し、国内の経済状態は急速に不確実性を増している。

台湾では、2022年11月末、統一地方選挙を実施し、国民党が優勢を維持した。中国は民進党の敗北を利用して民進党政権に揺さぶりをかけたが、かえって独立機運を高める結果となった。

2023年3月、蔡英文総統の後継者と期待される民進党のA候補はカリスマ性がなく、2024年1月の総統選挙では国民党のB候補との間で激しい選挙戦が予想されている。その一方で、既存政党に飽き足らないグループが第3の政治勢力を結集し「臺灣獨立新党（独立党）」を結成し、台湾独立を全面に打ち出したC候補を擁立し、若者層を中心に支持を急激に拡大している。

2023年3月、習近平は台湾総統選挙を国内の政権基盤を安定させる好機と捉え、政治、経済、軍事などあらゆる分野で台湾に対する圧力を強め始めた。中国政府は、台湾周辺での大規模な統合軍事演習を実施すると発表した。アメリカの偵察衛星は海南島や大陸内陸部などに大規模な部隊が集結している状況を捉えた。

サイバー関連の情勢

2022年になって、中国、北朝鮮の攻撃グループの間では、サイバー攻撃ツールの技術交換が行われ、協力を行う傾向が見られるようになった。台湾総統選挙に関連して、ロシア・北朝鮮による陽動作戦として、以下のサイバー攻撃が行われた。

まず、ロシアからヨーロッパ諸国に対する攻撃として、「身代金要求型（ランサムウェア）」を装いエネルギー供給網などのインフラを混乱させる「機能妨害型」サイバー攻撃、メディア、政府機関への「機能妨害型」サイバー攻撃、選挙の混乱を狙った「情報操作型」サイバー攻撃。

ロシアからアメリカに対する攻撃として、ランサムウェアを装いエネルギー供給網などのインフラを混乱させる「機能妨害型」サイバー攻撃、メディア、政府機関への「機能妨害型」サイバー攻撃、選挙の混乱を狙った「情報操作型」サイバー攻撃。

北朝鮮から韓国及びアメリカに対する攻撃として、メディア、政府機関への「機能妨害型」サイバー攻撃、金融機関への「身代金要求型」サイバー攻撃。

中国は、台湾の武力統一を正当化する目的で、国の内外で「情報操作型」のサイバー攻撃＝情報戦を行った。ロシア・中国が行う情報戦においては、敵国の社会が抱える矛盾を広げ、社会の分裂を促すことに主眼が置かれる傾向がある。台湾では、民主主義擁護と独立志向を強める若年層と、中国との関係安定を求める中高年層の間の構造的対立があり、この対立をサイバー攻撃により煽ることが行われた。それによって中国は、対中宥和的な候補を優位にし、台湾国内に騒擾を起こさせることを狙っていた。

２０２３年４月、日本とアメリカでサイバー事案が相次いで発生した。

日本では、防衛省、国土交通省、総務省等との契約実績のある企業を標的とした、「サプライチェーン型（システムの納入企業等を間接的に標的として、最終的な標的機関のネットワークへの侵入を図る）」サイバー攻撃が発生。富士通ディフェンスシステムエンジニアリング、日立ソリューションズ、ＮＥＣ、三菱電機、ＮＴＴデータ、ＮＴＴドコモ、ＫＤＤ

I等が標的となり、各社のネットワークへの侵入を企図したネットワーク貫通型（VPN、ネットワーク機器、OS等の脆弱性を利用したネットワーク侵害）のサイバー攻撃が発生した。また、上記の一部企業においては、ユーザー権限を奪取され、そこからアクティブ・ディレクトリー（Active Directory）経由で管理者権限が奪取された。また、ビル空調及びデータセンター向けのIDC空調を手がけるダイキン、三菱電機、高砂熱学工業など防衛省と契約実績のある企業に、各社のネットワークへの侵入を企図したネットワーク貫通型のサイバー攻撃が発生した。

アメリカでは、クラウド事業者大手（アマゾン、マイクロソフト、グーグル）とこれらの事業者にサーバーを貸し出している Equinix に対して、ネットワークへの侵入を企図したネットワーク貫通型のサイバー攻撃が発生。一部のユーザー権限が奪取された。2023年5月になって、世界各地で、アメリカで奪取された管理者権限を利用して、システム構成図がサイバー窃取される事案が生起した。攻撃者は、各ベンダー内のネットワークを探索して、システム関連の脆弱性情報を入手したと分析された。

2023年6月、太陽光発電の遠隔監視・制御システムに脆弱性が見つかったとして、SUNGROW、TMEIC、デルタ電子、ファーウェイなどの太陽光発電制御機器大手メーカーが、ユーザーに制御ソフトのアップデートの呼びかけを行なった。

2023年6月、人民解放軍のサイバー攻撃グループは、「サプライチェーン型」攻撃により奪取した管理者権限、システム脆弱性情報等を利用し、日本、米国、世界各地のデータセンターに侵入し、D-Day（作戦開始日）で発動するロジカル・ボム（一定の条件が満たされると動作を開始するマルウェア）の植え付けを実施した。

2023年6月、グーグルとマイクロソフトは自社のネットワークに不正侵害が中国からなされたが情報の漏洩は事前に防止されたと発表した。

2023年7月、陸上自衛隊西部方面総監部の人事管理システムにサイバー攻撃があり、隊員や支援者の情報約2万件が漏洩したと発表された。

2023年8月、北部航空方面隊防空司令所で空調機1台が故障。室内の温度上昇が発生。応急処置として、移動式の簡易空調を設置したが、大きな影響はなかった。

2023年8月、米国連邦政府向けクラウドコンピューティングを提供しているAWS（Amazon Web Services）GovCloud リージョンでシステム障害が発生。連邦政府のクラウドコンピューティングが一部、使用不能になったが、数時間で復旧した。

シナリオ① グレーゾーンの継続 第3次台湾海峡危機(1995-96年)型

シナリオの概要

中国が「反国家分裂法」に基づき台湾に武力介入する糸口を得るため、台湾本島の北と南で大規模な統合軍事演習を実施、弾道ミサイル発射を行うなど軍事的に圧力をかける。また、台湾独立を掲げる第3政治勢力の支持層を拡大する工作(フェイクニュースの拡散など)を行い、台湾国内を不安定化させる。次に中国は台湾海峡とバシー海峡に海上臨時警戒区を設置し、継続的に軍事演習を行うことを宣言し、実質的に2海峡の自由通航を阻害する。

米国は南シナ海と2海峡の自由通航を確保する方策として、同盟国や友好国政府に南シナ海と二つの海峡へのプレゼンスの拡大と「航行の自由作戦」（FONOPs）等への協力を要請する。日本政府には、米軍兵力の在日米軍基地への追加配備や中距離弾道ミサイルの展開など、日米安保の事前協議に該当する要請を行う。また、日本船主協会と船員組合が日本政府に対して台湾周辺における日本関係船舶の安全確保を要請する。

中台間の緊張が高まる中、中国軍用機にスクランブル対処した台湾空軍機が、石垣島に不時着する事案が発生する。

総統選候補者に「愛人スキャンダル」

2023年7月1日@台湾海峡

中国国防部は、上海沖の東シナ海と台湾高雄港と基隆港の沖合約100㎞の国際水域（2カ所）に、近々のうちに海警法に基づく海上臨時警戒区を設定し、重要な統合軍事演習とミサイル実射試験を行うために外国船舶の立ち入りを禁止することを公示した。同日、中国の「人民網」は、日時と場所は未記載ながら、複数の攻撃型潜水艦が盛大な見送りを受けつつ出港していく写真を公表した。

7月2日@台湾

香港の「星島日報」は、台湾の総統選の特集記事を掲載した。記事の一部には、未確認情報としながらも、民進党のA候補が東京都内に複数の高級マンションを隠し持っていること、B候補が中国系企業から密かに政治献金を受けていることを紹介した。中国共産党系の「Global Times」が1日遅れでこの記事を転載し、ニュースが世界に拡散した。台湾国内ではSNSでA候補とB候補への批判が飛び交い、二人とも支持が急落した。

同日、台湾のSNS上では、真偽不明なるも「A候補の愛人スキャンダル」「B候補の愛人スキャンダル」との題名で、両候補のベッド上の写真・映像（いずれもディープフェイクによる捏造の可能性が高い）が拡散した。両候補は、相手陣営によるフェイクニュース攻撃であるとして、非難を応酬した。また、「国民党候補は中国との間で一国二制度導入の密約を交わしている」「過激な独立派が親中企業の焼き討ちを企てている」「民進党候補が当選後、独立を宣言する」等、フェイクニュースと思われる情報がSNS上で拡散し、独立を支持する若年層と安定を求める中高年層の間でネット上の対立が激化し、台北市や台南市など大都市で自然発生的にデモが起こり、一部では小競り合いにまで発展した。

台湾のメディアは、台湾政府（民進党政権）に事実確認を求めたが「事実関係について調査中であり、応える段階にない」と回答があったと報道した。この報道に対し、野党系議員は「台湾政府はＳＮＳ情報がフェイクニュースであることを察知したが、総統選挙への介入を嫌い、またＢ候補のダメージを狙って沈黙を続けているのではないか」とツイッターでコメントした。

中国、進出日本企業に圧力をかけ始める

7月5日＠上海

中国に進出する日系の自動車部品製造会社Ａの上海支社に対して、電気自動車用の部品に重大なダンピングの疑いが生じたため、近日中に当局が監査するとの通達があった。日本経済新聞によれば、Ａ社は先月末、自動車用半導体部品の製造を多角化するため、中国に集中していた事業の一部をアメリカに移す目的で、台湾企業と合弁会社をテキサ

スに設立する調整に入っていた。

7月5日〜9日@サイバー空間

中国進出中の日本企業の現地法人（複数）に対して、中国系と見られるカンフー・パンダを名乗るハッカーグループから、「身代金要求型」のサイバー攻撃が発生。現地法人のITシステムが停止し、営業活動が困難になった。同時に日本企業の本社に対して、「日本が台湾を支援すれば同じ目にあわせる」とのメール（フリーメール）が届き、同社は警察及び内閣サイバーセキュリティセンター（NISC）に通報。NISCは特異なサイバー・インシデントと認定し、官邸の危機管理部門（通称「事態室」。安全保障・危機管理担当の内閣官房副長官補に付く実働部隊）に報告した。

経済三団体（日本経済団体連合会、経済同友会、日本商工会議所）は、中国進出企業約1万3600社の本社に対して、不審メールへの注意喚起を行うとともに、不審メールを確認した場合は速やかに通報するように通知した。

日本政府からの照会に対し、中国政府は「メールは中国国内から発信されたものではなく、貴国の照会に困惑している。いずれも日中間の友好関係を損なわせる悪質な意図を持った犯罪グループの仕業と見られるが、警察が捜査している」と発表した。

7月6日、台湾のTSMC社で半導体製造ラインの制御機器を入れ替えたところ、半導体製造ラインが停止。入れ替え機材がWindowsの脆弱性を利用した「身代金要求型」マルウェアに感染しており、他の制御用のWindowsマシンにも感染が広がってラインが停止。復旧まで1週間かかると発表され、日本の自動車産業各社では半導体の供給不安が広がった。

7月8日、東京でAWS（Amazon Web Services）の運営を受託しているEquinixの第5東京データセンターで空調故障が発生。室内の温度上昇によりサーバーが停止し、東京リージョンのAWSの一部サービスが停止した。銀行のオンラインバンキング、ヤフオク！、メルカリ等のサービスで障害が発生。AWSからは「システム障害はサイバー攻撃によるものではない」と発表された。

7月9日、台湾進出日本企業B社の現地法人に対して、北朝鮮系と見られるガーディアン・ピースを名乗るサイバー攻撃グループから、「身代金要求型」のサイバー攻撃が発生。企業のITシステムが停止した。

インフラを狙ったサイバー攻撃が続発

7月10日〜13日@茨城県神栖、石垣島、宮古島、佐世保、グアム

ジャパン・リニューアブル・エナジー（JRE）の「JRE波崎北太陽光発電所（中国製ソーラーパワー、ファーウェイ製制御装置、出力3MW）」でシステム障害のため、発電が停止したが大きな影響はなかった。

3日後、沖縄県石垣島では「石垣白保太陽光発電所（出力2MW）」でシステム障害のため発電が停止、宮古島の沖縄電力の宮古島メガソーラー実証研究設備（出力4MW、島内の10%を賄う）でもシステム障害で発電が停止した。宮古島では電力の瞬断が発生したため変電設備に故障が生じ、全島で停電した。復旧まで12時間と見積もられる。

同じ頃、長崎県佐世保市では、佐世保市水道局が管理するダムの遠隔監視装置に不具合が発生し、各ダムが異常放水され、下流の一部地域では急な増水で水位が警戒レベルまで上昇した。佐世保市は、この事案でダム貯水容量の20%が失われ、夏季の渇水の可能性が高まったと判断し、取水制限を実施した。後日の調査でダムの遠隔制御装置にサ

イバー攻撃の痕跡が認められた。

同じ時期、グアムで大型の太陽光発電施設を運営するKEPCO（韓国電力公社）グアムが、ロシア系と見られるブラック・ベアーを名乗るサイバー攻撃グループから、「身代金要求型（ランサムウェア）」のサイバー攻撃を受け、安全のためとして88MWの太陽光発電所を停止した。グアム政府は、日中2時間の輪番停電を実施した。同時に、北マリアナ地区の複数の銀行に対しても、同じグループからのランサムウェア攻撃が発生し、グアム等の経済活動が終日混乱した。

日本政府は一連のサイバー攻撃に関連する情報を米国政府に問い合わせた。米サイバーコマンドからは、「7月に生起した一連のサイバー事案は中国発と分析しており、台湾、日本、グアムをターゲットにしたものと見積もられる。アメリカは民間データセンターの保全体制の強化を喚起した」との回答があった。

親台湾派の大物議員にもスキャンダルが

7月13日@佐世保市相浦駐屯地

7月初めから、陸上自衛隊水陸機動団本部第1水陸機動連隊に所属する複数の隊員の家族のメールに、隊友会会員を名乗る人物から、「台湾海峡危機に備え、近いうちに沖縄陸自基地に部隊が移動すると聞いた。中国は台湾を軍事統一しようとしており、そのときは沖縄も戦場となるであろう。誠にご苦労であるがご主人、ご子息の武運長久をお祈りする」とのメッセージが届いた。同種のメッセージは、与那国沿岸監視隊の複数の留守家族にもSNSで届き、留守家族から防衛省や部隊へ家族の安否を確認する複数の問い合わせがあった。

佐世保市政記者クラブに所属するE通信社記者は「沖縄派遣予定の自衛隊家族に不審メール相次ぐ。防衛省、対応に追われる」との記事をスクープした。E通信の報道を受け、沖縄の陸上自衛隊部隊の増強に反対する地元紙は「沖縄を戦場にするな」キャンペーンを開始した。これに呼応するように、リベラル系のA新聞は社説で「緊張緩和に向け米中への働きかけを強めよ」と主張。同じくリベラル系のB新聞も「政府は中国と対話せよ」と求めた。保守系のC新聞は「遅れる政府対応」との見出しを打ち、政府が迅速に自衛隊を沖縄に追加派遣するなどの対応を取るよう求め、同じく保守系のD新聞は「離島の住民を守れ」と主張した。

この報道記事の真偽について野党系議員が国会で防衛大臣に対して質問、与野党の複数の議員がSNSで質疑の詳細を報じるに至り、国会議事堂や議員会館周辺で、反自衛隊・反米、戦争反対を訴えるデモが野党系議員も加わって連日行われるようになった。

7月14日@千代田区永田町

SNS上では、真偽不明なるも、真面目で知られる自民党の親台湾大物議員Kの「愛人スキャンダル」の写真・映像（ディープフェイクによる捏造写真・映像）が拡散した。これを夕刊紙が取り上げ、永田町は大騒ぎとなった。また、恐妻家として知られる自民党の大物議員Aの「不倫LINE」が流出し、週刊誌に取り上げられた。同時に、与野党の複数の議員や訪中経験のある議員のアカウントで、「日本が台湾を支援すれば同じ目にあわせる」とのメールが確認された。差出人は複数あり、いずれもフリーメールであった。

この事案に関連して、日本政府は中国政府に問い合わせたが、「メールは中国国内から発信されたものではない。不当な言いがかりは止めよ」と回答があった。

総理、国家安全保障会議で対応の協議を開始

7月15日@首相官邸4階、小会議室

午前8時、総理はサイバー事案への対応を話し合うため通常の国家安全保障会議(NSC)4大臣会合(総理大臣、官房長官、外務大臣、防衛大臣)に経産大臣、総務大臣を加えた「緊急事態大臣会合」を招集した。防衛省からは統合幕僚長、防衛政策局長に加え陸海空の各幕僚長が陪席した。総理が席に着くと、国家安全保障局長(安保局長)が、立て続けに起きているサイバー攻撃の概要、中国が設置した海上臨時警戒区について資料を使って報告した。

外務大臣　外務省は総力を挙げて台湾海峡の情勢把握のため情報収集を行っている。同盟国、友邦国の外交当局とも緊密に連絡している。

国家安全保障会議の仕組み

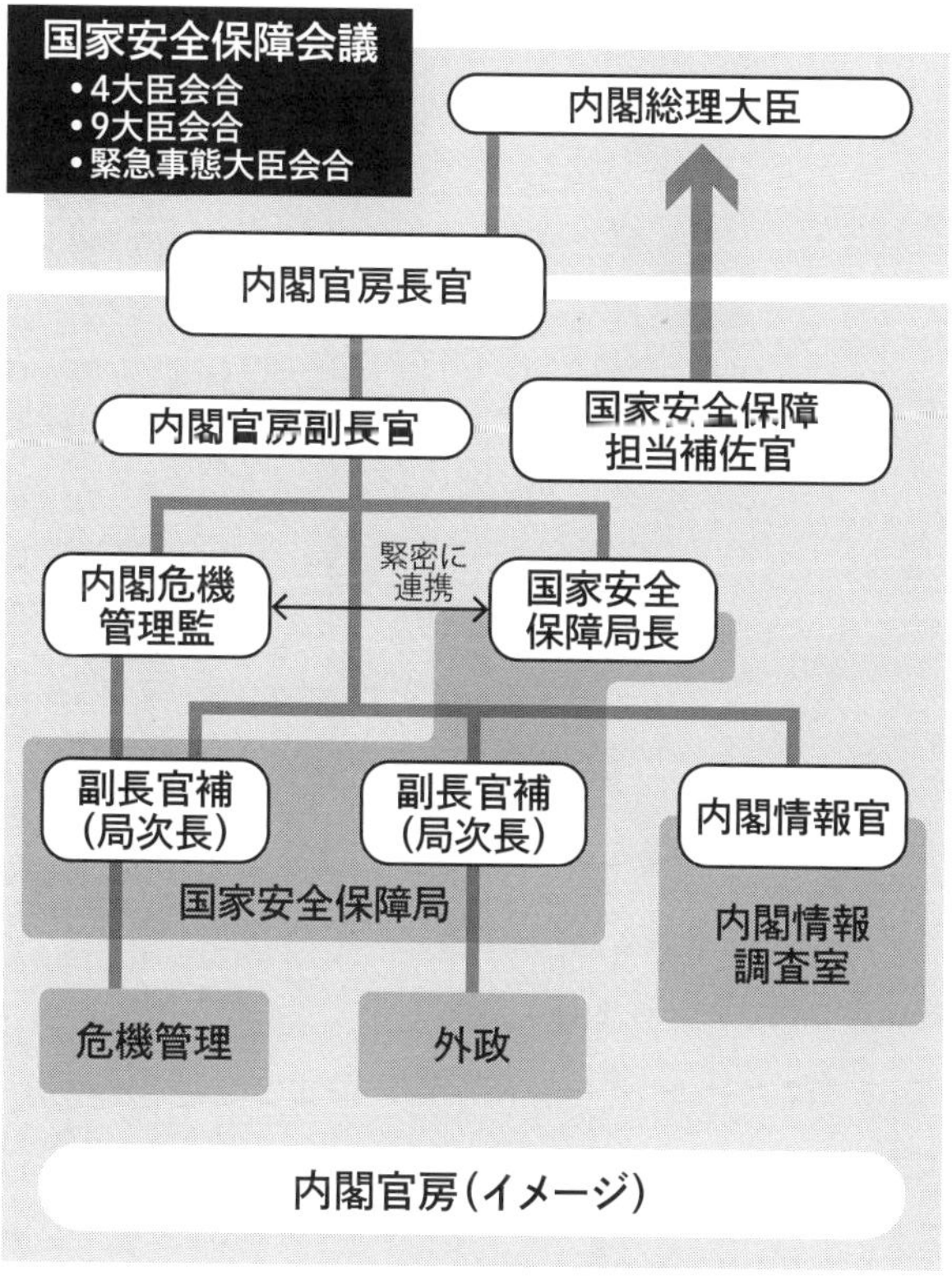
国家安全保障会議
•4大臣会合
•9大臣会合
•緊急事態大臣会合
内閣総理大臣
内閣官房長官
内閣官房副長官
国家安全保障
担当補佐官
内閣危機
管理監
緊密に
連携
国家安全
保障局長
副長官補
(局次長)
副長官補
(局次長)
内閣情報官
国家安全保障局
内閣情報
調査室
危機管理
外政
内閣官房(イメージ)

経産大臣　報告によれば、中台間の緊張が経済活動に影響を及ぼしており、特にサイバー攻撃によって株価が暴落し経済界が不安になっている。経済三団体は中台関係が不安定化する事態と強く危惧している。今後の見通しやエスカレーション防止について、政府としての方針を早い時期に経済界に示し、金融不安等を起こさせない処置が必要である。

官房長官　経済界の懸念は了解した。今回の事案は中国が日本の強さを試している可能性がある。政府の不作為に起因する国会の混乱を防ぐため、拙速を排してまずは補正予算の編成を急ぎ、できたところで国会を開く手順を採るべきであると考えている。

総理大臣　了解した。その方向で進めて欲しい。

安保局長　サイバー攻撃への対応には、関係する官庁に加え民間の努力を結集する態勢を取ることにしたい。細部方針は今後4大臣会合で詰めていくが、国家安全保障局（NSS）が中心となって、内閣サイバーセキュリティセンター（NISC）、防衛省、民間組織の英知を集めてタスクフォースを作り、事案の深さと規模を分析、我が国への影響を局限していくことを考えている。

官房長官　事態がエスカレートした場合、米国に頼るのではなく、我が国としてサイバーで反撃できるか。

安保局長　現在、日本が積極サイバー防御（ＡＣＤ：Active Cyber Defense）を行うことは法的にも能力的にも不可能である。我が国にはサイバー攻撃者を特定するアトリビューション分析能力・サイバー反撃能力がなく、法的枠組みは未整備で、実施の主体も明確でない「サイバー三重苦」の状態にある。アメリカにＡＣＤについて協力を要請するとともに、日本の関与の仕方についても話し合っていきたい。

官房長官　事案発生時にＡＣＤが行えるように日米調整を加速し、将来の課題として法的検討、体制整備、能力構築を進め、あらゆるサイバー事案に対応できるように検討することとしたい。

総理大臣　了解した。サイバー防御の現状は理解した。アメリカと緊密に連携して欲しい。

官房長官　経済不安を起こさないためには補正予算の編成や予備費を活用するなど、適切な経済政策を取って行く必要がある。私と総理は適時に記者会見を行い、今起きていることを正しく国民に伝え、フェイクニュースを打ち消し、国民の不安を払拭していくように努力する。今後、２０１０年の尖閣諸島中国漁船衝突事件の時のように、中国進出企業への何らかのハラスメント発生の可能性は否定できない。経産大臣は、経済界に注意を呼びかけて欲しい。

経産大臣　承知した。

防衛大臣　防衛省は、サイバー防衛態勢を強化しつつ米インド太平洋軍司令部との緊密な連携をとっているが、アトリビューション（サイバー攻撃の発信元）は中国を否定できない。サイバー攻撃は、日本とグアムを目標に行われている可能性が高いと分析しており、将来の可能性として日米安保条約5条事態（日本への武力攻撃）にまでエスカレートする場合を考え、同盟調整メカニズム（ACM）を使っての日米協議と情報交換を強化し、抑止力としていく。併せて米国以外の国々と国際調整をしていく。台湾沖の海上臨時警戒区に対しては、すでに護衛艦と哨戒機によって情報収集を開始しており、警戒区がいつまで設置されるのか、国民生活にいかなる影響を及ぼすかを分析している。

官房長官　了解した。政府としては、中国が指定した区域には公海が含まれている事実から、これを明確な国連海洋法条約の違反にあたると認識し、私と総理が記者会見の場で「重大な関心と懸念」を国際社会に表明し、中国の行為を抑制していく。

同盟調整メカニズム(ACM)の構成

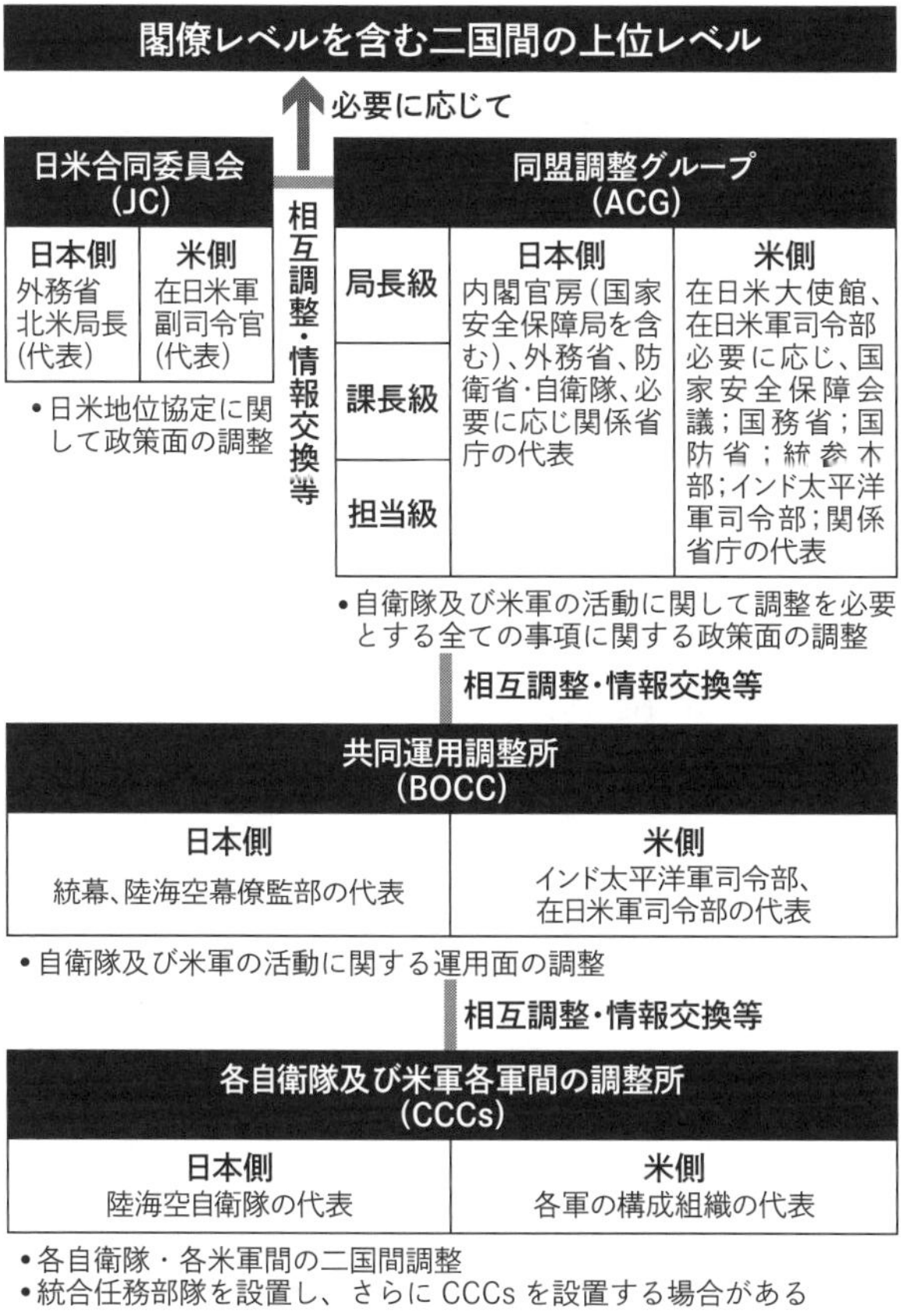

ACM：Alliance Coordination Mechanism　ACG：Alliance Coordination Group
JC：Joint Committee　BOCC：Bilateral Operations Coordination Center
CCCs：Component Coordination Centers

左派系メディア、親中派議員などがFONOPs反対を表明

7月15日@台湾海峡

中国政府が設置を予告した台湾海峡周辺の海上臨時警戒区に抗議するため、アメリカ海軍は演習予定海域に第7艦隊第15駆逐隊のイージス駆逐艦2隻を派遣した。また、アメリカ海軍は南シナ海の西沙諸島と南沙諸島での「航行の自由作戦」（FONOPs）の頻度を増すことを計画し、西側海軍には南シナ海で各国が行っている国際法に基づく海洋の秩序維持のための活動を増加するように要請した。

米国政府から日本政府に、共同運用調整所（BOCC）経由で、「南シナ海で実施中の米海軍主催の日米豪共同巡航訓練参加艦艇をもって、高雄沖の海上臨時警戒区でFONOPsを実施したい。訓練参加中の護衛艦『ゆうだち』とP－1哨戒機をFONOPsにも参加させて欲しい。豪海軍フリゲート艦『スチュアート』は参加を受諾した」との要請があった。

米国政府から日本政府への要請が政府関係者からリークされ、A新聞は「海自護衛艦

等、南シナ海で米豪と多国間パトロールに参加。中国の反発は必至」と報道。翌日から同紙は「いつかきた道」と題した社説を皮切りに、読者投稿の川柳では「協力と いう赤紙が やってくる」を掲載するなど、自衛隊の FONOPs 参加への反対キャンペーンをエスカレートさせた。

B新聞は「政権の不支持急増、安保法制の時の安倍晋三内閣の支持率と同じ現象。与党内に動揺広がる」と報道した。翌日の報道各社世論調査によれば、FONOPs への参加に「反対」が54％、「賛成」は31％にとどまった。また、内閣支持率は10ポイント下落の39％と30％台になり、逆に不支持率が8ポイント上がり48％となって、支持、不支持が逆転した。報道と世論調査の結果を危惧し、与党内の親中派議員を中心に海上自衛隊の FONOPs 参加への反対意見が相次いだ。

日本国内で報道が過熱するなか、中国外務省報道官は「南シナ海への域外国の干渉に断固として反対する。日本政府は中国との友好関係を損なう行為を直ちにやめるよう求める」と発言した。

7月20日@台湾高雄沖の海上臨時警戒区

中国人民解放軍は東シナ海で大規模軍事演習（統合揚陸作戦）を行い、高雄港沖合に設定した海上臨時警戒区（高雄港の南方60海里、バシー海峡の南シナ海側出口付近に幅60海里、長さ100海里、南北に長く延びた矩形海域）に短距離弾道ミサイル3発を発射した。基隆港沖合では空母遼寧打撃部隊が艦載機発着艦訓練を繰り返し、中国メディアは演習の様子を細かく報道した。

中国国防省報道官によれば、中国海軍はこれから年末まで月1回を基準に複数回の大規模演習を海域を拡大して行う予定であり、海上臨時警戒区の設定を継続するという。また、高雄港沖の海上臨時警戒区を着弾点とする弾道ミサイルと巡航ミサイルの発射試験についても、月1回を基準に不定期で実施することを公表し、この二つの警戒区内の通航は規制しないが、安全は保証しないと付け加えた。

アメリカの衛星写真会社 Planet Labs 社の衛星が、中国人民解放軍において東部戦区の第72集団軍と南部戦区の第74集団軍が兵力を集中し、広東省と浙江省の空軍が兵力（戦闘機500機、爆撃機100機）を集中している様子を捉えた。また、寧波、湛江、広州に075型ヘリ搭載強襲揚陸艦など揚陸艦が集結している写真を公表した。

台湾は DEFCON を引き上げて3とした（注：DEFCON は5段階あり、平時は5。完全な戦争準備の場合が1となる）。

浮き彫りになる日台間の連絡の不在

7月20日@先島諸島沖、太平洋上空

15時15分頃、航空自衛隊南西航空方面隊レーダーサイトは、台湾東方の空域を北東進する敵味方不明の大型航空機数機を探知した。那覇基地からスクランブル対処したF－15戦闘機2機は、台湾本島を反時計回りに周回飛行してきたと推定されるH－6爆撃機4機とY－8早期警戒機2機の編隊を視認した。編隊はそのまま北東進を続け、沖縄—宮古島の沖合で北西に変針、東シナ海に向かって飛行した。F－15戦闘機はこの編隊が防空識別圏（ADIZ）を出るまで追随した。

なお、空自戦闘機が中国大型機の編隊に触接（視認の為の接近）したとき、台湾空軍機と思われる機影をレーダー探知したが目視にまでは至らず、また通信連絡もしなかった。

同日夜、統幕報道官はこの事実をプレスリリースし、写真とともにホームページで公表

した。

翌21日、台湾国防部は中国軍用機による過去最大規模の台湾防空識別圏への進入があった事実をホームページで報道した。報道によれば、台湾空軍は前日（7月20日）13時過ぎ、中国軍用機が台湾南部の台湾防空識別圏に30機（J－16×16機、J－11×6機、H－6×4機、早期警戒機等4機）が進入し、南東進したのち、二つの編隊に分離。そのうちのH－6爆撃機4機とY－8早期警戒機2機の編隊は、台湾東方空域を北上し南西諸島方面に向けて飛行した。台湾空軍佳山基地のF－16はスクランブル対処し、台湾の防空識別圏を出るまで追随した。この際、空自戦闘機と思われる機影を先島諸島沖にレーダー探知したが、触接しなかった。

同日、日台間の航空情報のギャップは米インド太平洋軍の知るところとなって、台湾海峡情勢が不安定化している折、日台間の連絡調整がない現状を危惧し、同盟調整メカニズムの枠組み（NSC－NSC）を通じ、「南西諸島からルソン島に至る海空域の情報収集態勢を強化し、不測事態生起時の日米同盟の対応能力を改善するため、（1）日本と台湾が防空識別圏の情報を共有できる枠組み、（2）スクランブル中の対空目標の受け渡し、（3）日台間で海空軍間の連絡調整を現場レベルで行える枠組みの三つを作ることを提案した。台湾政府は、米国政府経由で、上記枠組みについて検討する準備があると伝えてきた。

洋上では、2022年から中国海警船舶が尖閣諸島周辺海域での海警船舶による不法行為（日本漁船の追従と退去の呼びかけ、接続水域での搭載舟艇の揚降、領海侵入）を繰り返した。また、7月20日午前、尖閣諸島の南方海域で警戒監視に従事していた護衛艦「はるさめ」は、中国海警船舶が日台漁業取り決めで定められた「八重山北方三角水域」（尖閣諸島近傍）で操業中の台湾「はえ縄」漁船に立ち入り検査しようとし、これを止めようと台湾海巡署巡視船が割って入る事件を目撃した。このとき護衛艦「はるさめ」は、台湾巡視船から距離を置いて待機していた台湾海軍蘇澳鎮基地所属の基隆級駆逐艦1隻を視認したが、相互に連絡は取り合わなかったことから、日台海軍間でも通信連絡のメカニズムがないことが問題になった。

船舶の保険料が戦時並みに上昇

7月20日@ロンドン、シティ

イギリスのシティにある保険取引所（ロイズ・オブ・ロンドン）は、中国が設定した海上臨時警戒区によって実質的に台湾海峡とバシー海峡の通航ができなくなる危険があり、また中台軍事衝突の危険が高まっていると判断し、西太平洋地域を通航する船舶の保険料を戦時並みに上昇させた。バシー海峡をオイル・ルートに使用している韓国と日本のマスコミは「第3次オイルショック迫る！」と報じた。リベラル系のA新聞は「太平洋戦争の悪夢、日本船舶は再び見捨てられるのか」と論評した。

日韓両国では、オイル危機への懸念から連日ガソリン単価が上昇した。

日本船主協会と全日本海員組合は、状況が悪化している現状を危惧し、連名で日本政府に対して台湾海峡とバシー海峡を通航する日本商船の安全を確保するように要望書を提出した。

7月21日@首相官邸4階、小会議室

7時30分、定例閣議を前にして、国家安全保障局長の司会で国家安全保障会議9大臣会合（総理、副総理、官房長官、外務大臣、総務大臣、財務大臣、経産大臣、国交大臣、防衛大臣、国家公安委員長）が開かれ、アメリカから要請のあったFONOPsへの参加と日台間の情報ギャップについて意見交換が行われた。

防衛大臣　台湾周辺の情勢が緊迫してきたため、現場の部隊には偶発的な事態を回避することを優先して対応している。高雄港南方の海上臨時警戒区によって重要なオイル・ルートが遮断され、我が国の安全保障に直接影響する事象と考えられるため、護衛艦と哨戒機による情報収集を強化した。

経産大臣　経済団体には船舶の安全確保を第一に考え、台湾海峡とバシー海峡に代わる航路を通航することをまず求めていくが、総理は早急に記者会見を開いて現状を説明するとともに、航海の安全に対する不安を鎮めるためにも政府としての方針を示していただきたい。

総理大臣　了解した。早急に方針を発出する。NSS（国家安全保障局）は各省庁の情報を集約し、台湾周辺の情勢が我が国に与える問題等を急いで分析するように。

官房長官　台湾海峡のFONOPsへの参加については、リスクの高い行動になる可能性がある。実施するにしても法的根拠を明確にしてから行わなければならない。

安保局長　FONOPsの実施に法的な問題はなく、海上臨時警戒区で今起きていることに対して、日米共同訓練や情報収集など自衛隊が活動する根拠はある。したがって、アメリカから申し出のあった共同訓練は実施できる。問題は、今回のケースに当てはめたときにはリスクがあることだ。起きる可能性のある事象に準備ができているかを見極めてから、FONOPsへの参加について判断することが適当である。

外務大臣　今は国際社会が一致して対応することが大事だ。QUADやG7の枠組みで対応が可能か検討していきたい。

経産大臣　FONOPsへの参加は慎重に判断する必要がある。すでに経済界は大規模なサイバー攻撃によって相当な衝撃を受け、経済が混乱している。経済界は、日本政府がこの件に十分に対応できるのか疑問を持っている。このようなときに、アメリカと一緒に実施することで新たに中国からの報復を受けるのではないかとの懸念がある。不安になっている経済界を納得させるために、今後の見通しと対応策をきちっと示し、経済対策を急いでいくことが、中長期的に国民の信頼を得ていくためには必要である。

防衛大臣　経済界の懸念はもっともであるが、FONOPsは事態をこれ以上エスカレートさせないために実施する。今回は抑止効果の方を重視して実施していく必要があるのではないか。

安保局長　FONOPsには様々な参加の形があるので、我が国として中国に「日本の弱さであると取られない措置」を目指して検討を進めていく。

官房長官　FONOPsがエスカレーションの防止になることをきちっと説明していくことが重要だ。日本としても参加する方向で検討を進めることといたしたい。

総理大臣　了解した。

防衛大臣　日台間には明らかに情報ギャップがある。平素から日台の連絡調整と情報交換ルートを持つ必要がある。

安保局長　制度や手段が整わないうちに日台間で緊急の必要が生じた場合には、事態に対応する目的でまず日台のNSSの間で非公式な連絡メカニズムを設置し、関係先を加えながら段階的に拡充していきたい。

総理大臣　了解した。日台の情報交換の仕方については速やかに検討していくように。

国連、韓国、アメリカの反応

7月21日@霞が関、外務省

外務副大臣は、尖閣諸島周辺海域で海警船舶が不法行為を繰り返し行っていることに対し、中国大使館公使を外務省に呼び、口頭で抗議した。中国公使は持ち帰って本国に報告すると述べ、いったんは引き下がったが、翌日、中国外務省報道官は「釣魚島は中国固有の領土であり、国内法に基づく法執行を実施中である。海上自衛隊が米海軍と共謀し南シナ海での不法な行動に参加すれば、これまで寛大かつ友人として親しく対応してきたところ、中国の釣魚島管轄海域内で操業する漁船等日本船舶に対しても厳しく対応せざるを得なくなる。そうなれば、日本は自ら東シナ海で悲惨な結果を招くだろう」と強い口調で警告した。同日、中国系メディアは、海警船舶が漁船に放水するビデオとともに記者会見の模様を繰り返し報道した。

日本の保守系D新聞は、「海警は台湾漁船の次には日本漁船を拿捕し、尖閣が中国領土であると誇示するだろう。その時、海保はどうする。仮に拿捕された場合、漁船に乗っていた乗組員たちはどうなるか。2010年9月の中国漁船衝突事件の時は、日本政府は中国人船長を釈放した。日本は弱腰のままでいいのか」と、これまで後手に回ってきた日本政府の対応を厳しく批判した。

この報道に関して、沖縄県を含む日本の米軍基地の所在地では、「米軍の基地使用反対、アメリカの戦争に巻き込まれるな」「日本の漁民を危険にさらすな。中国と即時和解せよ」等、不法行為を行っている中国ではなく、日本や米国の政府を糾弾するデモが連日行われ、警察に排除される事態に発展した。

7月21日@ニューヨーク、国連安全保障理事会

日本とアメリカは、UNSC（国連安全保障理事会）議長国に対して、台湾海峡の平和と安定のために話し合いの機会を設けるように要請した。これに対して、中国政府は「台湾は中国の一部であり、台湾海峡の問題は中国の国内問題である。日米は内政干渉を止めよ」と拒否権を発動し、中国から支援を受けている一部の非常任理事国も中国の主張を支持した。ロシアは出席はしたものの、議決の直前に退席した。

7月21日@台北

報道によれば、台湾国内の軍事警戒レベルが高まっているが、人々の生活は今までどおりである。また、日系企業からの情報によれば、台湾の経済状況は、サイバー攻撃による損害の復旧が早く進んだため、急速に元の状況に復しつつある。しかし、被害の大きかったTSMCなどの半導体生産が完全に復旧するには2、3カ月を要すると見積もられている。

7月21日@ソウル

韓国ではオイル危機を懸念する反政府デモがソウルなど主要都市で起きており、韓国政府はその対策で手一杯である。また、年初から北朝鮮が不穏な動きを繰り返しており、韓国政府は台湾海峡の平和と安定のために海軍力を振り向ける余裕はない。

7月21日@ワシントンDC

米国政府は、第3次台湾海峡危機への対応にならって、第7艦隊を台湾周辺に部隊派遣することを決めた。また、米国政府は日本政府に対して「米海軍のイージス駆逐艦2

隻は、台湾海峡の平和と安定を維持するように東シナ海で日米共同演習を行う。演習終了後、台湾海峡を通過し、台湾本島を反時計回りで周回することを計画中である。海上自衛隊の艦艇の参加を得たい」と要請した。

米国政府は日本政府に対して「南シナ海とバシー海峡を航行する商船の安全確保を、フランスを加えたQUADプラスの枠組みで実施することを調整中である。フランスと豪政府は前向きである。海上自衛隊の参加を得たい」と要請してきた。アメリカ大統領は、「台湾海峡危機は長期化する可能性があると見積もっている。台湾海峡の平和と安定のために東アジア全体で取るべき方策を話し合うために、日本国首相のリーダーシップを期待する」と伝えてきた。

台湾機、石垣島に緊急着陸

7月22日@与那国島沖120マイル

中国は軍用機（爆撃機、戦闘機）による台湾周回行動、台湾海峡や台湾南部空域の領空への侵犯を繰り返し行うようになった。

7月22日13時30分頃、台湾を反時計回りに周回する中国爆撃機・偵察機の編隊にスクランブル対処していた台湾空軍F－CK－1戦闘機（台湾国産の経国号戦闘機）2機のうちの1機のエンジンに不具合が発生し、先島諸島に向かって高度を下げていく状況を領空侵犯対処中の那覇基地所属空自F－15が認めた。

台湾空軍F－CK－1戦闘機は、緊急事態を宣言しつつ、許可を得ないまま石垣空港に緊急着陸した。

航空総隊司令部は緊急着陸があったことを統幕経由で事態室に通報した。通報を受け、日本政府は、台湾当局へ日本台湾交流協会（台湾断交後の事実上の日本政府代表部）経由で連絡を試みるものの、回答に時間がかかっている。

沖縄の地元メディアはいち早く事件を伝え、報道は世界に拡散した。

中国外務省報道官は緊急記者会見を行い「台湾のF－CK－1戦闘機は中国政府の資産であり、中国に所有権がある。速やかに中国に引き渡す手続きを開始せよ。台湾に渡せば、日本政府にとって大きな外交的な失敗であり、後悔するだろう」と述べた。

沖縄県は石垣空港の軍事利用であると日本政府に抗議し、早急に台湾軍機の撤去を求めた。また、自衛隊の駐屯地設定に反対してきた石垣島住民が空港を取り囲んで大々的な反戦デモを行った。

台湾当局は「修理のために台湾軍用機と修理関係者の入国（石垣島）を許可されたい」と、台湾日本関係協会を経由して、日本政府に伝えてきた。台湾当局の意向を受けた米国政府（在日米大使館）は、日本政府に台湾政府の意向を尊重されたいと伝えてきた。

日本政府から米国政府に関与の有無を問い合わせたところ「石垣島島民の反米感情を考慮し、また将来の民間空港の米軍使用に影響を及ぼさないためにも、台湾軍用機の取り扱いは日本政府の判断でやって欲しい」と回答してきた。

アメリカ、日本への中距離ミサイル持ち込みを要請

7月22日@首相官邸、国家安全保障会議4大臣会合

13時50分、台湾空軍戦闘機の石垣島への緊急着陸の報告が、官邸危機管理センターになされ、総理は緊急の国家安全保障会議4大臣会合を招集した。

防衛大臣　緊急着陸した台湾空軍機と搭乗員の保護と警備には、空自那覇基地から隊員を派遣して実施している。外部から見ると機体に損傷はない。パイロットはエンジンに

トラブルがあると言っている。台湾軍の機体と搭乗員は、台湾に返す方向で台湾当局と調整していくことでよろしいか。

官房長官　その方向で問題はないと思うが、台湾軍人と軍用機を受け入れることは、我が国として台湾の独立を認めると中国に誤解されるおそれがある。２０１０年の尖閣諸島中国漁船衝突事件当時に何が起きたかを考えれば、台湾軍人の受け入れは中国政府の面子《メンツ》を潰すと受け取られ、相当激しい反発が予想されるので、外務大臣は中国からの反応には十分に配慮して欲しい。

外務大臣　承知した。

防衛大臣　機体の修理のため、台湾軍の軍人に制服を着せたまま入国させるのではなく、民間人として入国させるのが適当ではないか。また、機材等の搬入には、台湾軍用機でなく台湾民航機を使ってもらうように外務大臣は調整して欲しい。

外務大臣　承知した。

官房長官　我々がいかに慎重に対応しても、中国は必ず主権侵害であると反発するだろう。中国が国内に進出している日本企業や法人に対してハラスメントを行う恐れがある。戦闘機を台湾に返還した場合に予想される中国在留邦人へのハラスメントに関して厳しめの見積もりを行い、政府として腹を固めてから実施していきたい。今後のことを考え、速やかに台湾当局と連絡調整できるルートを持てるよう、安保局長は検討を進めて欲しい。

安保局長　承知した。併せて、台湾海峡危機が継続する場合、台湾の在留邦人の保護が必要となる状況を想定しうるので検討を進めることといたしたい。

防衛大臣　台湾在留邦人の保護はすぐ必要になるおそれがあるので、仮設でもいいから台湾当局と話し合うためのチャンネルを速やかに設置して欲しい。統幕からの報告によれば、米インド太平洋軍は同盟調整メカニズム（ACM）に台湾を加え3カ国の枠組みで情報共有や所要の調整をしたいと考えているようである。

安保局長　承知した。枠組みの構築に向けた調整を急いで行う。

防衛大臣　第7艦隊から提案のあった日米共同訓練への海自艦艇への参加は実現させたい。南シナ海へのプレゼンスの増加は、護衛艦か哨戒機を派遣する方向で積極的に応じていきたい。

安保局長　総理には、早い時期に日米首脳間で状況認識について話し合う機会を持ち、日本が主導的に台湾海峡の平和と安定のための取り組みを主導していく意志を示していただく必要がある。早急にアメリカ側と調整していきたい。

総理大臣　了解した。今後、中国からの不当な申し入れがあった場合にも、我が国は毅然とした態度を取って臨んでいくが、それぞれの配置で不要なエスカレーションを避けることには十分に意識してもらいたい。

官房長官　今回の国家安全保障会議4大臣会合で決まった方針は、このあと予定されている9大臣会合に諮りたい。

7月25日@市ヶ谷、防衛省

21時05分頃、米国防長官から防衛大臣に「1時間後に大統領から首相に電話があるだろう」と連絡があった。22時、米大統領から首相に電話でいきなり「台湾海峡の緊張状態は長期化すると見積もっている。将来にわたって台湾海峡危機を抑止するために、アメリカ本土から米陸軍の中距離弾道ミサイル、対艦巡航ミサイルを在日米軍基地に持ち込みたい」と要請してきた。弾頭の核／非核は不明である。また、外務省によれば、ミサイル射程はＩＮＦ（中距離核ミサイル）相当と見積もられるが細部は不明であるとのことであった。日米ＮＳＣ・外務・防衛当局の局長級会合である同盟調整グループ（ＡＣ

G）間の事前調整はなかった。フィリピンのメディアによれば、米国政府はフィリピン政府にも同じ要請をしたが、フィリピン政府は要請を拒否した模様である。

米国政府は、佐世保基地への1個空母機動部隊の配備、北海道への陸軍1個師団、三沢基地への爆撃機部隊、ステルス戦闘機（F－35A）部隊の前進配備の許可を要請した。併せて、関連する補給支援（宿泊、弾薬の輸送支援など）を要請した。また、アメリカ海軍は台湾海峡と南シナ海でプレゼンスを増加させるため、日本政府に対して補給艦による燃料と食料の補給支援を要請した。

23時、日本政府がACMの枠組みで核弾頭の有無を尋ねたところ「中距離弾道ミサイル、対艦巡航ミサイルの核搭載については否定も肯定もできない」との回答があった。

深夜、この情報が官邸関係者からE通信にリークされ、同通信は「米、日本への核持ち込みを要請へ」と速報、マスコミ各社は確認に追われる事態となった。

有事における邦人保護という課題

7月26日@首相官邸、国家安全保障会議緊急事態大臣会合

7時30分、総理は緊急事態大臣会合を招集し、事前協議の取り扱いについて、参会者に意見を求めた。

防衛大臣　野党側は核の持ち込みの可能性があるとして問題視するだろうが、米政府が核弾頭の搭載について否定も肯定もしない（NCND：Neither Confirm Nor Deny）の立場をとっている以上、こちらから核については言及しないようにすることが適当である。

外務大臣　賛成である。民主党政権時代の岡田克也外務大臣を含め、過去の政府答弁は、核の脅威が及ぶ場合にはそのときの政府が持ち込みについて判断するという内容であったので、アメリカから申し出があれば判断することになろうが、個人的には我が国の抑止力を向上させるために核兵器の持ち込みは認めるべきであると思う。最後は総理の判断になる。また、項目を一つずつ協議していくのではなく、米国の支援を円滑に行うためにパッケージで協議する場を設けるべきである。

官房長官　最終的には総理の判断ではあるが、この問題は慎重に判断すべきである。核兵器は台湾危機を抑止するものであるが、危機がエスカレートして台湾有事となった場合、持ち込みを認めれば日本がアメリカとともに台湾有事に向き合うことを意味するので、我々は相当に腹を固めて判断しないといけない。台湾からの邦人保護はできると思われるが、中国在留邦人の保護は相当に難しくなり、日本政府として何もできない可能性が高い。経済界の反応も含めて、様々なファクターを総合して総理の判断を仰ぐべきだと考える。経産大臣はどう思うか。

経産大臣　官房長官の意見に賛成である。併せて、日本が事前協議の内容を受け入れる条件として、アメリカが日本のためにどういうことをやってくれるのかを確認する必要があろう。サイバー攻撃など日本の能力ではできないことを伝え、代わってアメリカにやってもらうことも可能であろう。そのことが、中長期的に国民が政府の判断を支持してくれる条件になると思う。

防衛大臣　アメリカの申し出は、中台が戦争となることを抑止する目的であり、抑止が破綻した場合の対応能力を向上させるためにも、このタイミングの米国の事前協議は受け入れるべきである。日本側が申し出を拒否した場合、日米同盟に対するマイナスの波及は計り知れないものとなる。国民に堂々と説明していくことは当然である。また、演習の一環として実施することも可能であるが、最後は総理の判断で実施するか決めていただく。

外務大臣　訓練演習を名目とした受け入れをいつまでもやっていることは考えられず、いずれかの時点で国民に説明せざるを得なくなる。アメリカの要請を受け入れることを正面から述べていくべきだ。

防衛大臣　この機会に、陪席している陸幕長にも国民保護について発言させたい。

陸幕長　事態が緊迫化した場合、台湾と中国の在留邦人の保護とともに、先島諸島の約10万人の住民をいかに広域避難させるかに自衛隊は注力しなければならない。国民保護法では自治体の長が広域避難の責任を有するが、そのためには各種の輸送力を増強して、努めて早期に島外に避難してもらう必要がある。沖縄本島への輸送には石垣島からは約20日、宮古島からは約10日かかるという見積もりもある。沖縄戦の教訓をしっかり踏まえ、自衛隊が外部からの侵害を排除できる状況を先行的に作っていくことを考慮する必要がある。

官房長官　現下の情勢で最も急がれることは台湾にいる邦人の保護である。アメリカが台湾在留邦人の保護と退避についても協力してもらえること、第二に先島諸島の防衛への協力について米国政府の担保を取る、こうしたことを日米協議の場で確認していきたい。

総理大臣　国民の多数からの賛同は得られないかも知れないが、内閣総理大臣の責任として、国を守ることを第一に判断して決めていきたい。

7月26日@永田町

リベラル系のA新聞やB新聞は一面トップで「非核三原則は国是」「ヒロシマ・ナガサキを忘れたか」との見出しで、核持ち込みに反対を表明。これに対して、保守系のC新聞やD新聞は「核持ち込みを認めよ」「真価問われる日米同盟」として、持ち込みを認めるよう主張した。

翌27日、前日の事前協議に関連し、野党は衆議院外務・安全保障合同委員会の開催を要求。委員会は核持ち込み問題で紛糾した。野党は断固反対、与党内からも慎重論が出る一方で、与党内からは日米安保を堅持するためには受け入れるべきとの声もあった。

同日、首相や官房長官、防衛相らが政府・与党内の調整に手間取るなか、E通信が

「米軍、三沢基地に核兵器を持ち込みか？　非核三原則は〝なし崩し〟」とスクープした。
また、同日のA新聞夕刊は、第一面を真っ黒にして反対の意を示した。

7月28日@台北

米国政府によれば、台湾当局は中国軍の動静から、予断は許さないものの、事態はエスカレーションを回避しつつ長期化すると見積もっており、DEFCONを4として、全部隊の警戒態勢を引き下げた。

シナリオ②　検疫と隔離による台湾の孤立化　ベルリン危機（1961年）型

シナリオの概要

中国政府が、台湾観光から戻った中国人観光客から新型ウイルスが発見されたとのフェイクニュースを流布する。同時にサイバー攻撃、海底ケーブル切断などによって、台湾全島を物理的かつ情報通信的に外部世界から隔離する。台湾の封鎖を長期化し、台湾国内を混乱させることによって、対中宥和政権の誕生を謀る。

米国政府は台湾の封鎖が長期化すると見込み、日本など関係国と共同して台湾への輸送支援、NEO／RJNO（非戦闘員・海外在住邦人の退避）を開始する。

新型コロナの10倍の感染力？

2023年8月3日@台北

9時、台湾の2大携帯電話会社（中華電信、台灣大哥大）のバックボーン（交換ネットワーク）がシステム障害により停止し、台湾国内の音声通話、メールなどの通信が不通となった。スマホからのインターネットアクセスも、加入者サーバーの不具合により不通となった。市民が固定電話に殺到したため輻輳が生じ、固定電話が通じにくくなった。

8月3日@上海国際空港

10時、中国政府は、台湾本島と澎湖諸島（※）の観光から帰国した者の土産品から人畜に有害な変異種の病原菌が検出され、また原因不明の高熱・嘔吐を伴う病人が続発したため、海路空路ともに台湾との往来を禁止する、と発表した。

「人民網」はインターネットニュースで、中国感染症情報センター関係者の情報として、感染者はまだ十数名であるが、検査の結果、病原菌は新種でCOVID－19インド型変異種の10倍以上の感染力と、豚など家畜へも感染が拡大する可能性があると報じた。

（※）台湾島の西方約50㎞に位置する台湾海峡上の島嶼群。島々の海岸線の総延長は約３００㎞。大小合わせて90の島々から成るが、人が住んでいる島はそのうちの19島で、人口は約10万人。

8月3日@北京、国務院外交部臨時記者会見

10時30分、中国外務省報道官は、中国港湾に入港中の台湾船籍の貨物船、台湾向け貨物やコンテナを搭載した外国籍船を検疫のために抑留すると発表した。また、病原菌が台湾から世界に拡散しないようにするため、台湾の主要港の外側海域（領海の外側）に向けて海警巡視船を派出し、通航あるいは出入港する船舶に対して検疫のために立ち入り検査を実施すると世界に向けて宣言した。

記者会見の模様は直ちに世界に向かって発信され、海運業界、航空業界は大混乱となった。新型コロナウイルスの記憶が新しい各国政府は、検疫態勢の強化の検討を始めた。

中国政府は各航空会社に対して、台湾に向かう民間航空機は強制的に中国国内空港に着陸させるか、第三国に向かうよう指示した。東シナ海の中国防空識別圏（ＡＤＩＺ）と南シナ海の中国飛行情報区（ＦＩＲ）を台湾に向けて飛行中のシンガポール航空機など複数機が中国空軍機によって強制的に進路変更させられ、その一部は海南島に強制的に着陸させられた。

海底ケーブル切断で、台湾が情報孤立状態に

8月3日@台北

11時、日本から台湾への電話が通じにくくなり、昼までには不通となった。台湾を経由する海底ケーブルのうち、台湾と米国・日本を結ぶFASTER、TPE、PLCNなどいくつかが切断されている模様である。台湾全土で通信輻輳が発生し、日本向け、米国向け、ASEAN地域向けの通信が通じにくくなった。復旧には平時で2、3週間を要すると見積もられた。

このため、台湾発着のインターネット通信・国際通信は、中国本土向け海底ケーブルを通り、中国の陸揚げポイントで中継されて他の地域に送信されるようになった。中国の通信会社は、台湾からの通信について、通信量が増大しており、通信の安定を確保するため帯域制限を実施し、通信量を絞ると発表した。

11時30分、台湾行政院報道官は新種病原菌の発生について問われ「事実関係を調査中であるが、中国政府の主張に根拠はない」とコメントしたが、衛星、インターネット共に放送の途中で映像が乱れ、視聴できなくなった。

8月3日@首相官邸

12時、日本政府は台湾関連の情報収集のため官邸緊急連絡室を立ち上げた。

12時10分、米国政府がACM経由で日本政府に対して、米国と台湾が締結している「グローバル協力訓練枠組み（GCTF）」を使って、セキュリティ担当者や専門家を台湾に派遣すると伝えてきた。この枠組みは、サイバーセキュリティや新興技術について議論する国際ワークショップであり、日本も加入している。日本政府も、台湾で起きているサイバー攻撃とみられる通信障害に対応するため、米国政府と協力して専門家を台湾に派遣することを決めた。

しかし、この情報が「日本政府が重要影響事態を認定して米国支援」と誤って伝えられたことから、E通信社が「官邸、台湾支援か？　中国政府の反発は必至」とスクープ。経済三団体は、「日中関係の混乱には、中国と台湾の日系企業及び日本人社員の安全を第一に考えた対応を望む」との要望書を提出し、与党幹事長は事態認定には賛成できない立場を政府に伝えた。

8月3日@台湾

13時以降、台湾全島で衛星通信は妨害を受け品質が著しく低下し、台湾との通信がほぼ途絶した。

15時頃、台北最大の衛星通信基地局の電源制御装置に火災が発生し、運用が停止した。復旧のめどは立っていない。

8月3日@サイバー空間

12時、SNS上で「台湾COVID－23の真実」と題する映像が流れた。映像では、高雄市内で感染症により複数の死者が出ている様子が映し出され、「台湾政府が真実を隠蔽している」と台湾人と見られる医師が糾弾している映像が拡散した。中国メディアは、「台湾で新たな病原菌が拡散している」との報道を続けており、世界の民間航空機は、台湾への飛行業務を停止した。

8月3日@東京

早朝から日本台湾交流協会、台湾日本関係協会とともに日本と台湾本土との連絡がつきづらくなっていた。メールにはデータの改竄《かいざん》が認められたり、未達となっているものもあった。交信内容が何者かによって検閲されている可能性が否めない。

陸上自衛隊与那国警備隊から統幕への報告によれば、与那国島では8月3日まで台湾（中華民国）のテレビ（台湾電視、中国電視、中華電視）が視聴可能だったが、雑音が入り映りにくくなっている。ラジオ放送は聞こえている。

日本政府からACM経由で米国政府に台湾との通信状況を問い合わせたところ、「アメリカと台湾は緊急時の通信連絡ができるルートがあるが、細部はお答えできない」と回答があった。

中国、台湾の海上封鎖を実施

8月4日@ニューヨーク、国連本部

WHO（世界保健機関）は台湾への直接コンタクトを試みるが通じず、中国政府にWHO職員の現地調査の調整を依頼するも、中国政府は「台湾の調査は中国政府が実施する。内政干渉するな」と回答し、WHOの申し出を拒否した。

8月4日@北京

中国政府は、台湾出港の中国船籍貨物船から強い伝染性のある病原菌が発見されたことを理由に、台湾の港湾への外国船舶の入港を禁止した。さらに台湾周辺の国際水域に中国の「海上臨時警戒区」を設定し、外国船舶の検疫と管制の実施、航空検疫も実施する旨を世界に向けて発信した。

8月4日@台湾、高雄港

高雄港に入港しようとした川崎汽船運航のパナマ船籍コンテナ船「Green Liner Ace」が台湾の接続水域手前の国際水域（中国設定の海上臨時警戒区）で立ち入り検査を受け、厦門《アモイ》港に強制回航された。以後、8月4日だけで150隻の貨物船、タンカーが中国海警局による無線検疫によって入港を拒否され、航路を変更し次の寄港地に回航した。

川崎汽船本社によれば、中国の高雄港沖の海上臨時警戒区に留め置かれた、同社所属のコンテナ船からの衛星電話で次の情報が伝えられた。

・高雄港の外側には十数隻の中国海警局の大型巡視船と軍艦が遊弋しているのが見える。
・台湾海巡署と中国海警局の船舶が小競り合いを続け、一部は放水や接舷する事態にエスカレートしている。台湾、中国ともに軍艦は存在するが、衝突などの事態には至っていない。

8月5日@北京

台湾との通信連絡の途絶状態が続き、台湾メディア経由の台湾国内の情報は限定的である。一方で、「人民日報」、「人民網」など中国系メディアは、台湾国内で原因不明の病気が蔓延しつつある状況を画像入りで繰り返し報じている。

中国系メディアは、「商店の棚から品物がほとんどなくなり買い占めが起きている。原因不明の停電、銀行取引の停止等が相次いで生起し、蔡英文政権を非難するデモが散発的に発生している」「台湾国内では次第に国民の間に不安感が蓄積し、独立党のC候補は中国による台湾の封鎖を非難し、政府の無作為を糾弾する集会を開き、支持者が立法院の外にも詰めかけ、総統府前に50万人が参加、台湾の独立を求めるデモが国内の主要都市に拡散している」と報じ、行進するデモ隊の写真を掲載した。

緊急事態大臣会合

8月5日@首相官邸、緊急事態大臣会合

7時30分、総理は台湾海峡の情勢が予断を許さない状況にあると判断し、国家安全保障会議の緊急事態大臣会合を招集した。

外務大臣　外務省は中国へ事実関係を照会するとともに、接続水域を越えての検疫区域の設定は国際法違反であり、抗議している。アメリカ政府など国際社会と連絡を取り合って状況の把握に努めている。また、今回の事案は世界的な広がりを持つ問題であるため、まず国際社会と協力してWHOの職員が台湾と中国の調査に入れるようにし、国際協力の環を広げる対応をとっていきたい。

統幕長　情報が真実であった場合に備え、水際対策を強化するために、自衛隊でどのような支援ができるか検討を開始した。

防衛大臣　海底ケーブルの切断と衛星通信の妨害が同時に起きていることから、ハイブリッド戦の可能性がある。防衛省は情報収集に努めている。

経産大臣　日本の主権を損なう行為には厳重に抗議するが、日米が協力して台湾に関与していけば中国から域外国の干渉であると反発されることが予想されるので、慎重に行うべきである。

安保局長　台湾周辺の海底電線が切断されていることで我が国にも多大な影響が出る可能性がある。情報が不足しているので、自衛隊の情報関連組織、台湾からの電波を受信できる国内組織、あるいは個人から情報の提供を呼びかけ、状況を把握したのち官房長官から国民に事実関係を説明していただきたい。

経産大臣　この度の事案はフェイクニュースである可能性が高いので、武漢で新型コロナウイルスが発生した時と同様に情報収集衛星を使って病院の駐車場を撮影するなど、できる限りの手段を講じて正しい情報を収集する必要がある。

官房長官　まず事実関係を確認することが大事。期待できないとしても、外務大臣は、中国政府には情報の提供を呼びかけるようにして欲しい。

外務大臣　承知した。

総理大臣　台湾には多くの日本人が働いており、我々は彼らの安全を図る必要がある。台湾に関連する事象に対応するために官邸対策室を立ち上げることにする。

安保局長　米国と共同歩調をとりつつ、関係省庁は各種事象に関する事実確認を開始する。しかし、日本政府と台湾当局とは公的な外交ルートがなく、また在外公館機能を受け持つ日本台湾交流協会との連絡手段も民間通信回線に限られている現状から、台湾当局との通信手段の確保が最大の問題である。日米が協調して、総合的な通信状況の確認を行うことにする。併せて、非常時に使える通信連絡手段の設置を急ぎ検討していきたい。

総理大臣　まだ、新型病原菌発見の情報が真実である可能性は完全には否定できない。厚労省は速やかに空港などでの水際対策（検疫態勢）を強化し、併せて新型コロナウイルスの経験を踏まえての特措法の制定準備など、先を見越してやれることをすべて準備しておくようにして欲しい。

官房長官　国外からの入国者に関する情報の収集や滞在先をリアルタイムに把握できるように、安保局主導で、関係省庁が連携して措置して欲しい。

統幕長　統幕では、台湾からの邦人輸送を含め検討を開始した。また、中国を刺激して不測の事態を生じさせないように、情報収集任務に投入する船や飛行機の数はいつもどおりとして、努力の方向を台湾に変更して態勢を強化している。

9時、官房長官が記者会見を行い、新型ウイルスに対する政府としての対応、台湾周辺海域の状況について説明を行い、会見は2時間に及んだ。

封鎖によって干上がる台湾

8月10日@東京

日本から台湾への通信はいぜん断絶している状況が続いており、現地の状況は分かっていない。

8月15日〜@北京、国務院

8月15日、中国外務省報道官は、台湾国内で独立を求めるデモについて「これは第二のひまわり革命である。衛生状況の悪化及びそれに伴う経済の低迷、さらには社会不安の増大は、いずれも蔡英文総統の失政に起因するものであり、大陸の繁栄を知る台湾の人民は共産党による執政を待ち望んでいる。蔡英文が不穏分子らの行動をこのまま放置すれば、悲惨な状況をもたらすだろう」と強く警告した。

8月16日、中国外務省報道官は「世界の半導体供給が止まっているのは、蔡英文総統の失政に起因してCOVID－23の蔓延を許しているためである。中国政府はいつでも台湾を支援する用意がある」と述べた。これに対して、米国政府は台湾海峡の平和と安定を維持するよう中国政府に要請し、軍事的な介入を牽制した。

8月20日、中国外務省報道官は、「台湾の惨状は蔡英文総統の失政によるものである。台湾当局は中国が成功した防疫体制を速やかに導入せよ。その基盤となる一国二制度を受け入れることが台湾人民にとって最善の方策である」と述べた。

8月30日@台湾

台湾国内では企業活動は実質的に停止した。停泊中の商船は出港後に海警局に強制回航されるとの噂が立ったことから出港を拒否。また入港のために洋上待機する船舶が数百隻、公海上に漂泊している。

台湾からの半導体生産（TSMC、UMCで世界の約63％）が止まり、サムスン電子の株価が急上昇するとともに、アップルなど台湾の半導体ファウンドリーに頼る半導体メーカーは在庫が逼迫し、半年先の生産のめどが立たなくなった。

台湾に進出する日本企業も活動停止に追い込まれ、台湾からの輸入（相互依存関係にある半導体電子部品、IC、電子計算機など）が停止し、自動車産業など関連国内企業の製造ラインも縮小に追い込まれた（日本から台湾への輸出は6・9％／4位、輸入4・2％／4位、2020年）。

アメリカNSC経由の情報によれば、台湾国内は燃料貯蔵（石油、石炭、LNG等）が枯渇しつつあり（エネルギー資源の98％は輸入）、電力供給を休止する時間が出ている。病院は優先的に燃料と電力が割り当てられているが、酷暑のため電力消費量が急増し、機能を維持することが難しくなっている。また、台湾政府は国家非常事態を宣言し、中国の封鎖に徹底抗戦する意志を持っているが、燃料と食料は逼迫し（小麦、トウモロコシ、大豆、肉類）、漁業活動は停止を余儀なくされ、いつまで持ち堪えられるか予断を許さない状況である。

8月30日@台北

台湾政府は米国政府経由で、中国の封鎖の違法性、非人道性を訴え、支援を要求した。米国政府は封鎖を強行突破するため日本を含む関係国に協力を要請した。NATO（北大西洋条約機構）は米国政府の要請を受け、東欧の一部に慎重な意見があったものの、人道主義の観点から突破作戦への参加を決議した。NATO司令部周辺ではベルリン封鎖の写真を掲げたデモ隊による反中国デモが繰り広げられた。出所は不明ながら、米国政府は中台で軍事衝突の危険があるとの情報を得て、NSC経由で日本政府に通報してきた。

非戦闘員の退避を検討開始

8月30日@ワシントンDC

米国政府は日本政府に非戦闘員の台湾からの退避（ＮＥＯ）への協力を要請した。協力内容は、日本国内の民間空港と港湾施設の使用、一時的な宿泊支援等である。退避する対象はアメリカ国籍約５０００人を含む米企業関係者約６万人と見積もられる。

欧州諸国は自国民のＮＥＯを米国政府に委任したとの情報があった。詳しい人数は不明。

台湾に居住する日本関係者は駐在員と家族が約2万５０００名であり、観光客など一時的滞在者約2万５０００名が取り残されていると推定される（合計約5万人）。

アメリカのＮＥＯの情報に接した中国政府は、「台湾は中国の一部であり、台湾省内に居住する外国人の保護は中国政府が責任をもって管理し、必要であれば中国の民航機、民間船（いずれも動員された民兵）あるいは中国軍用輸送機及び艦艇により中国本土あるいは日本、フィリピン等希望する近隣諸国へ移送する。したがって、在台外国人は中国政府が指定する地域に移動待機することを期待する」と声明した。

9月1日@ニューヨーク、国連本部

米国政府は、中国の台湾封鎖は人権に反する行為であり、直ちに封鎖を解除する決議を国連安保理に諮ったが、中国は国内問題であるとして拒否権を発動した。ロシアは中国の主張を支持するも、議決前に退席した。

9月2日@ハワイ、インド太平洋軍司令部
日米のNSC間の情報交換で、米国政府が軍用輸送機による空輸、軍用船舶と油槽船による海上輸送を検討中であることが分かった。作戦は準備でき次第開始し、長期にわたると見られる。米軍は日本の民間空港と港湾施設を使用したい意向である。

意見が割れた国家安全保障会議

9月2日@首相官邸、国家安全保障会議緊急事態大臣会合
7時30分、総理からの指示により、台湾からの邦人輸送（RJNO）、米国等のNEOへの支援、台湾への支援について議論が行われた。

安保局長　いまだ情報は限られ全貌は把握できないが、中国による封鎖が続いている台湾では深刻な物資の不足が起きている。台湾には、事態発生の直後に台湾を脱出できなかった旅行者を含む約5万人の邦人が取り残されている可能性がある。正確な人数は確認中である。

防衛大臣　我が国が米国のNEO支援を円滑に行うためには重要影響事態と認定する必要がある。また、台湾から自衛隊によるRJNO作戦を具体化するように至急検討に入ることを提案したい。国連安保理のロシアの態度や海底ケーブル切断の原因に関する報道を見れば、中国の不法行為は明らかであり、我が国として中国の封鎖線を突破して邦人を救助する準備を自衛隊の艦艇や航空機に行わせる準備をしたい。米インド太平洋軍とも情報交換していく。

外務大臣　今までの情報を集約すれば、台湾にパンデミックは起きておらず、中国政府は自ら誤情報を流して台湾を取りに来ていると考えられる。NATOが人道主義の観点から突破作戦への参加を決めた背景にはそうした情勢認識があったものと考えられる。しかしながら、台湾からのRJNOは、朝鮮半島有事とは違う。我が国は台湾とは外交関係がなく、輸送は航空機のみになるなど、政治的にも手段的にも大きな困難が予想される。

防衛大臣　外務大臣のおっしゃるとおり、台湾在留邦人の救出の移動手段は空路が中心となるが、台湾が中国によって軍事的に封鎖されているために民間機と民間船舶は使えず、自衛隊の装備を使っての作戦とならざるをえない。空路の場合は、南西諸島の民間空港にいったん収容してから日本本土の空港に運び、外国人の場合は海外に出国させるといった2段階、3段階の巨大なオペレーションとなる。輸送だけで1週間程度を要すると見積もっている。

外務大臣　米軍や自衛隊が、我が国の民間空港・港湾施設を使用できるようになるのは、武力攻撃事態（予測事態）のあとである。それ以外の場合は管理者である県知事の同意が新たに必要になる。

安保局長　米国政府は、「現在の台湾の状況は極めて厳しく非人道的である。中国が意図的に台湾を孤立させているものである。台湾のエネルギーと食料を意図的に枯渇させようとしており、看過できない。中国が我々の行動を妨害すれば中国が自らエスカレーションラダー（危機の段階）を上げることになる。米国は人道支援と自国民の保護を同時に行う必要があると考えている。軍用機と軍用船舶をもって食料等を台湾に輸送し、帰り便をNEOに使用する。その際、日本の空港と港湾を使用したい。作戦は長期化を見込んでおり、日米同盟の枠組みで全面的な協力を得たい」との意向を持っている。国家安全保障局（NSS）は米国政府の意向にどのように答えるか検討している。

経産大臣　ここは一度冷静になって考えるべきである。中国政府が台湾省内に居住する外国人の保護は中国政府が責任をもって管理すると言っている以上、自国民保護といえども、中国政府の意向に逆らって外国が軍用機等を送り込む是非を慎重に判断するべきではないか。中国政府の意向に逆らってNEOとRJNOを実施すれば、必ず中国を刺激し激しい反発を招くことは必至である。軍事的に封鎖されている台湾に軍用機を進入させることになれば、任務が人道的なものであっても、日米が揃って台湾独立のために軍事的に介入しようとしているとの誤ったシグナルを中国側に送ることになる。

防衛大臣　経産大臣の意見にも一理あるが、不法行為を行っているのは中国であり、中国政府にすべて任せることは我が国政府として無責任であろう。台湾からの邦人輸送を中国政府が認めることには、正当な根拠がなく中国政府への信頼性にも問題があるのではないか。米国がすでにNEO実施に向けて動き始めているのであれば、我が国としてもそれに乗るのが適当である。

外務大臣　輸送地は日本本土に加え、地理的に近いフィリピンも可能である。

官房長官　以後、台湾からのRJNOは米国NEOと連携して行う方向で準備を進める。

開始するタイミングについては、中台問題の政治的な複雑性、実施するニーズとリスクのバランスについて、引き続き検討していくことにしたい。米国のＮＥＯへの支援は、米国が我が国の参加を強く望んでいる人道目的の救援物資輸送との複合作戦となる。人道支援への参加についても、継続検討していきたい。

総理大臣　我が国としての基本路線は、在留邦人の保護を確実に実施すること、並びに米国のＮＥＯに協力すること。この路線を崩さず、中国の認識について詳細な評価を行い、我が国として何ができるか、台湾の人々にどのような支援ができるか時間を置かず決めていく。

シナリオ③　中国による台湾への全面的軍事侵攻

シナリオの概要

中国の軍事侵攻が台湾に対し実行され、本格的な軍事衝突が台湾および日本の南西諸島で繰り広げられる。もちろん、台湾は中国の侵攻準備の兆候を得て、防衛態勢を万全にしていたが、中国の圧倒的な戦力には勝てず、陸軍部隊の上陸を許してしまう。米国政府は台湾関係法に基づいて台湾防衛作戦に乗り出すことを政治決定し、日本政府に在日米軍基地の使用および米軍部隊に対する後方支援などを要求する。

日本政府は、我が国防衛の態勢を整えるとともに、最大限の支援を米軍に提供しようと努力する。しかし、中台の衝突がエスカレートする中、中国は海上臨時警戒区（戦域）

を先島諸島とフィリピン北部を含む広域に拡大し、結果的に尖閣諸島と与那国島が中国軍によって占拠されてしまう。

中国の着上陸侵攻準備か？ 海洋観測用の海中グライダー発見

2023年10月@台湾、与那国島、ジャワ島

2023年10月、海中グライダーが台湾東海岸、与那国島の海岸で発見された。日本政府の発表によれば、同様のものが2021年から2023年にかけて、ジャワ島やロンボック海峡の沿岸に打ち上げられていたとのこと。これは中国製「海中グライダー海翼型」に類似していた。「海翼」は約60日間1500㎞にわたって、潮の流れに乗って浮上と沈降を繰り返し、海流、海水温、海水密度、塩分濃度の測定が可能とされている。保守系D新聞の取材に対し海自OBは、「潜水艦の行動を確実にする目的で、台湾島及び先島諸島一帯に対する中国の海洋観測が活発化している」と語った。

10月中旬@台湾

10月半ば、台湾の「中国時報」は、海洋委員会海巡署（海巡署）の内部情報として「8月末から台湾海峡を経由して不法に澎湖諸島と台湾本島に入国してくる中国人が増加した。渡航経路や手段は不明であり、海巡署と海軍は警戒を強めるが完全には排除できず、少なからず不法に上陸した可能性がある」と報じた。

澎湖諸島の海巡署は「聯合報」の取材に対し、「捕まえた不法入国者が経済難民と自称している」と語った。

11月1日@中国

中国国防省報道官は、中国人民解放軍が例年どおり、台湾海峡や南シナ海で大規模軍事演習（揚陸作戦）を行うと公示した。また、南シナ海の太平島（台湾領）の近傍に東西25海里、南北40海里の海上臨時警戒区を設定し、対艦対地弾道ミサイル（DF－21Dと推定）の発射試験を行った。アメリカの偵察衛星は、東部戦区の基地に陸上兵力、航空兵力が大規模に集中する様子を捉えた。

米軍の情報によれば演習の規模は例年より大きく、東海艦隊基地の寧波や南海艦隊基地の湛江に集中している艦艇の数が多いことから、中国が本格的に台湾への上陸を意図している可能性がある。米インド太平洋軍は、DEFCONを5（平時態勢）から4（紛争発生を予想して備える態勢）に引き上げる、と日本の統合幕僚監部に連絡を入れた。

台湾も中国軍の動静が例年以上のものであると判断しDEFCONを4として、全部隊の警戒態勢を引き上げた。

独立の動きが軍事侵攻を誘発？

2024年1月1日@北京

2024年1月1日、台湾の総統選挙を目前に控え、習近平国家主席は「台湾同胞に告げる書」発表45周年式典を行い、「一つの中国」原則を強調し、新たな台湾総統に対して統一に向けた積極的な協議を呼びかけた。

1月13日@台湾

台湾総統選挙が行われ、独立党のC候補が地滑り的な得票（約840万票、得票率60％）を獲得して圧勝、次期総統に選出された。中国国内では、2019年に引き続いて習主席のメッセージが踏みにじられたことから、習主席の威信が失墜した。
総統選挙後、台湾国内では台湾独立を要求する若者たちのデモが活発化する一方で、台南市など南部の大都市で台湾独立支持派の住民と一国二制度支持派の住民がデモを繰り広げ、一部は衝突している模様である。

1月20日@北京、台北

中国外務省報道官（戦狼外交官）は、台湾独立の動きを「一つの中国」原則を踏みにじるものであると激しく非難し、「この動静が続くようであれば中国政府はあらゆる手段を使うことを排除しない」と警告した。
この警告にもかかわらず、台湾国内の独立運動が収まる気配はなかった。一方で、独立派の台頭は中国の武力統一に繋がるとして、警戒する論調も流れていた。

1月〜3月@中国

1月15日に中国国防省報道官は、中国人民解放軍が約2カ月間に及んだ大規模演習を終了したと告示した。しかし、1月20日になっても上陸用舟艇を含む艦艇部隊が中国南部の汕頭、南澳島、東山島付近の海岸で強襲揚陸訓練を繰り返し実施している様子をアメリカ偵察衛星が捉えた。

2月15日、アメリカ偵察衛星は、中国内陸部の基地から弾道ミサイル搭載車両を含む数千両の軍用車両が列をなして台湾海峡沿岸部に移動している状況を捉えた。また、中国の通報者からは、軍用貨物を積載した多数の鉄道車両が沿岸部の浙江省、福建省、広東省方面に移動していることや、駅構内が軍人であふれかえっている状況などを伝えてきた。

2月末、人民解放軍が陸軍予備役の招集を開始しているとの内部情報が伝えられた。

3月に入り、中国空軍の偵察機、情報収集機が沖縄と宮古島の海峡を通過して台湾を周回する行動が頻繁に行われるようになった。また、夜間には大型無人機ＧＪ－１及びＧＪ－２が中国側から台湾南部のバシー海峡を抜けて太平洋方面にも飛行するようになった。

アメリカ偵察衛星は、中国の水陸両用戦部隊が規模を拡大して中国南部の沿岸部で強襲揚陸訓練を行っている様子を捉えた。

米国、日本政府に支援要請

3月8日@ワシントンDC

アメリカ政府は、フィリピン政府と日本政府に対して、台湾海峡危機を抑止するためアメリカ本土からの中距離弾道ミサイルの持ち込みを要請した。弾頭の核／非核は不明。フィリピンのメディアは、フィリピン政府は要請を拒否したと伝えた。

また、アメリカ政府から日本政府に対する要請内容は（1）佐世保基地への1個空母機動部隊の配備、北海道への陸軍1個師団、三沢基地への爆撃機部隊、嘉手納基地へのステルス戦闘機部隊の前進配備、（2）関連する補給支援（宿泊、弾薬の輸送支援など）、（3）南西諸島における「特定公共施設（特に民間空港）」の使用、であった。

3月8日@永田町、佐世保、三沢、嘉手納

米政府の要請内容が官邸サイドからリークされ、E通信社が「米軍、三沢基地に核兵器を持ち込みか？　非核三原則は〝なし崩し〟」とスクープ。国会は大荒れとなった。

自民党国防部会・安全保障調査会は、受け入れに積極的な意見と慎重な意見が伯仲し、結論を得られなかった。

事前配備の候補基地の周辺（佐世保、三沢、嘉手納）では、市民団体が「アメリカは核兵器を持ち込むな」「米軍は日本から出ていけ」と大規模なデモを行った。

中国外務省報道官は「新たな米軍部隊の日本への展開は、中国への明らかな敵対行為であり、日本国民は相応の対価を払わされるであろう」と反発した。

3月8日@首相官邸、国家安全保障会議緊急事態大臣会合

官邸では、関係閣僚が対応を協議した。

防衛大臣　日本の抑止力向上のためにも、ミサイル持ち込みの必要性を国民に説明すべきである。もちろん核か非核かは、ＮＣＮＤ（Neither Confirm Nor Deny：肯定も否定もしない）により米国は明らかにしないが、核持ち込みの事前協議がない以上、「非核」との認識で国民には理解を求めるべきである。

外務大臣　外務省はこれまで、中国側の意図を探るとともに、意図の有無にかかわらず挑発的な軍事行動を控えるよう中国に要請してきたが、中国側の返答はあくまでも国内問題であり他国から指摘を受ける事項ではない、とのいつもの繰り返しであった。防衛大臣のご意見のとおり、米国の中距離ミサイルを受け入れるということであれば、中国の軍事侵攻の実態を可能な限り公表するとともに、中国とのこれまでのやり取りも説明し、国民の理解を獲得することが重要である。

経産大臣　米国の要請を受けた場合、当然中国の反発を買い、サイバー攻撃や中国在住の邦人の拘束などが予想される。そのような状況を覚悟した上で、対応を準備しておくべきである。またこの対応には日米の連携が重要であり、それをパッケージとして受け入れるべきである。この点の調整はできているのか？

さらに、これは確認であるが、日米でこのような事態における共同計画の調整ができているのか。勝てるという目算はあるのか？

防衛大臣　南西諸島防衛の計画については報告を受けている。しかし台湾有事における日米共同の作戦計画は具体化されたものは保有していない。また経産大臣ご指摘の、日本に対するサイバー攻撃発生時、あるいは人質外交に発展した場合の日米の連携に関して定まったものはない。しかし喫緊の課題として速やかにＡＣＭにおいて、それらの調整を急ぎたい。

勝てるかどうかというご質問に対しては、このミサイル受け入れは、紛争を抑止するための受け入れであり、エスカレーションを抑えるための措置と認識している。仮に抑止が破綻した後の日本防衛を考えた場合において、日米同盟を機能させるためにも、受け入れ拒否の選択肢はないものと考える。

官房長官　米国の要請を受け入れるとなると、ミサイルを配備する各基地周辺住民からの反発が予想される。このためにも、このまま放置すれば、我が国そのものが戦争の当事国になるとの説明が重要であり、ここは総理自ら国民に対する説明を必要とする場面と考える。さらに、日米のみならずＱＵＡＤ、ＥＵなどの協力を得ることも重要である。国民の理解を得るためにも、国際社会全体がコミットしているという状況が重要であり、外務大臣にはよろしく頼みたい。

外務大臣　承知した。中国との関係においてインドがどこまでコミットしてくるか不明であるが、豪英仏などの強力なコミットを得られるよう米国と連携し、積極的に働きかけて行く。台湾海峡両岸の問題は平和的に解決するというのが原則であり、１９７２年の日中共同声明の基本でもある。中国が一方的に軍事的緊張を高めていることは、この基本に反するとして、改めて軍事的行動の抑制を働きかけて行きたい。

自衛隊による邦人輸送は困難？

官房長官　ところで豪英仏が軍事的にも参戦を決定し、各国軍隊が我が国周辺で行動する場合、これらの国から日本に対して空港・港湾の使用や後方支援などＨＮＳ（受け入れ国支援）を要請される可能性が高いが、その準備はできているのか？

防衛大臣　豪州に対しては、そのためにＲＡＡ（円滑化協定）を締結しており、一定の支援は可能と考えるが、その他の国に対しては枠組みがない。至急何ができるか、英仏の意向も確認しつつ検討を始めたい。まずは基軸である日米の調整を加速したい。またこれは提案であるが、この重要な局面において、総理と米大統領との直接会談をお願いしたい。

総理大臣　同意した。安保局長、設定を頼む。

安保局長　直ちに調整する。

官房長官　中国の侵攻を抑止できない場合は、我が国の存立危機事態、武力攻撃事態へ移行する状況となる。今はそれを踏まえた覚悟を決める局面であると認識する。大きなリスクを被るであろう経済界の理解を得る努力が重要である。経産大臣の見解は？

経産大臣 経済界は不満を持っている。しかし、これは主権を守るための決断である。主権なくして経済なし。経済界の理解を得る努力に傾注したい。

総理大臣 国民に対する説明は総理の責務。国民の理解を得られるよう努力する。また外交努力を継続しつつも、日米同盟における日本の役割を果たすため、そして我が国の抑止体制を確実にするため、必要な準備は取って行く。経済界に対しても、国家としての存立の基本を守るための措置であることを明確に説明していきたい。

外務大臣 ところで、台湾在留邦人および台湾への旅行者の取り扱いについて、現状の報告と今後の方向性について総理の指導を得たい。すでに台湾および中国への渡航制限は外務省の所掌として示したところであり、また在留邦人に関しても、民間航空会社の協力の下、希望者を逐次帰国させているところである。しかし、昨日から台湾、中国における各空港での民間航空機の発着が制限され、民航機の乗り入れは不可能となった。この上は、自衛隊法84条の4に基づき、邦人輸送を防衛大臣に要請したいと考えている。

防衛大臣 状況等、承知をしている。既に統幕長には邦人輸送の準備を指示したところであるが、昨日から台湾当局と連絡が取れない状況が続いており、米国経由等の連絡手段も試みているところである。連絡が取れ次第、速やかに派遣をしたい。なお、中国在留邦人の輸送であるが、中国当局の返答は、自衛隊機の中国領空内への侵入は認めず、在留邦人の安全は確保するので心配には及ばないとのことであった。

総理大臣　台湾も中国もどちらも厳しい状況であるが、事は日本人の命を守る、救うという最も重要な使命である。ぜひ力の限りを尽くしてほしい。

防衛大臣　総理、今、東京の台北駐日経済文化代表処から入った情報ですが、台湾総統府・国防部が洞窟指揮所への移動を開始したとのことで、この指揮所に日本政府の連絡官を派遣する意思があるなら受け入れるとの確認がありました。現時点で台湾総統府との連絡が取れない状況において、ぜひ在台北のメンバーを派遣し、この指揮所との連絡手段を確立したいと考えております。先ほどの邦人輸送の調整促進も担ってもらいたいと思います。

総理大臣　承知した。

南西諸島への陸自部隊の早期展開

防衛大臣　総理に陸幕長から一点ご報告させたいことがある。

陸幕長　陸自の立場から一言申し上げたい。先ほどの報告において、先島諸島に工作員が潜入した兆候があるとのことであった。これは中国が我が国に手をかけようとしている重要な兆候である。陸自は戦闘部隊のみでは防衛作戦は遂行できず、後方支援部隊や兵站部隊、物資を同時に推進させることにより、初めて作戦が可能となる。部隊を南西諸島に戦略機動させるには大変時間がかかるため、努めて先行的に移動させておくことが重要である。早期に離島に陸自部隊を展開させることが、中国に対する抑止に繋がる。部隊移動は訓練・演習の一環として、防衛大臣の一般命令で実行が可能であるので、可能な限り早期に展開させたいと考えているが、総理大臣にはご了承を頂きたいと思う。陸自が南西諸島への展開を開始したとなると、間違いなく中国は「日本が戦争準備を始めた」などと世論戦を始めると予測しており、世論への影響も大きいため、この場で総理にもご指導をもらっておきたい。

防衛大臣　防衛大臣としても陸幕長の意見のとおり実施したいと考えており、総理、よろしくお願いしたい。

官房長官　今のご進言は大変重要と思う。沖縄に早期に展開するということがこの事態にしっかりと対応するという意思表示に繋がることになる。ただ、政治的には反発も大きいものと予想される。総理には、部隊移動をご了承頂くと同時に、沖縄を説得する政治的プロセスに入るということも直ちに始めるべきである。総理のご指示があれば、官房長官として、この政治的プロセスを実行に移したい。

総理大臣　承知した。それぞれ実行に移してもらいたい。

防衛大臣　これは外務大臣にお願いしたいのだが、中国側の発表で、「台湾省の問題は国内問題である。外国が中国の国内問題を利用して事態をエスカレートさせようとしており、中国との平和的な国際関係を破壊する侵略的行為を強く非難する」とある。これに対しては、日本としてもカウンターを打って頂きたいと思う。国際秩序を侵略的に突き崩そうとしているのは中国の方であると認識している。国連の場が適当と思うが、なるべく多くの国が歩調を合わせて中国に自重を求める声明を発表するよう仕向けて頂きたい。

外務大臣　事態を平和的に解決するというのが日本の一貫した立場であり、その点を強調しながら、できるだけ多くの賛同する国々を集めてメッセージが出せるようにしたい。

軍事対立を前提に、核による抑止も想定

安保局長　先ほどまで、ＡＣＭに基づき米ＮＳＣ（国家安全保障会議）とのリモート会議を実施した。その内容について報告したい。

まず米側の現状認識を伝えて頂いた。状況は切迫しており、本格的侵攻も念頭においた検討が必要であるとのこと。その上で、どうやって紛争を抑止するかという観点での準備を具体化しているとのこと。米軍部隊の前方展開や、このための空港・港湾の使用、および燃料補給や宿泊、移動支援についても、まずは抑止を第一義に考えているとのことである。これらの行動にはＱＵＡＤやＮＡＴＯの主要国にも一致した姿勢を示してもらう必要があるとの認識。台湾海峡の平和と安定は日米共同声明にもあるとおり極めて重要との再確認があった。日本政府の了解があり次第、空母機動部隊、航空部隊等の展開に着手する。英豪軍も作戦に参加する意向があると米側に伝えられており、日本には

両軍への支持表明も期待されている。中国は既に動員を完了させつつあると見ており、軍事行動を取ると意図しているならその時期は近い。米政府はエスカレーションラダーを上げるためでなく、柔軟反応戦略の一つとしての抑止手段と考えている。日米同盟が連携して動くことが効果ある抑止に繋がる。米政府からは、速やかな日米首脳電話会談の実施、およびその前段階として2＋2（日米安全保障協議委員会。日米の外務・防衛大臣会合）の開催や適宜の共同声明の発出の提案を受けた。

我が方の返答としては、米側要請に対して前向きに総理指導を受ける旨を返答すると した上で、次の3点を確認した。

①台湾からの邦人輸送に関し協力を求めたところ、最大限の協力をするが、近々始まるであろう軍事的空域統制管理下に入ってからは、民航機の離発着は難しくなる。軍の輸送機が主体となるため、輸送できる人員数に限界があることを理解されたいとのこと。

②日米が一体となって行動するためには、事態認定がスムーズに事態に適合して行われることが重要であり、そのためには日米の認識や評価の共有を求めたい。

③事態認定は日米共同連携において極めて重要であり、日本の主体的な判断を尊重するも、情報共有も含め、よく連携させてほしいとのこと。

なお、抑止が崩壊した時、最終的には核抑止も念頭においているとのことであり、その際には欧州、台湾、日本とも相談するとの話も出たところであり、最悪の事態まで想定しているとの認識を持った。

防衛大臣　事態認定に関しては、遅滞なく適切に認定することが重要である。日本が主体的に判断するが、米国と情報を共有しつつ日米の共同歩調が取れるように決定することが重要である。

官房長官　全く同意であり、存立危機事態、そして武力攻撃事態は、米国に追随するのではなく、間髪入れず日本の事態として発動すべきと考えている。

外務大臣　これはアメリカの戦争に巻き込まれているのではなく、日本に対する重大な影響がある事態である。エスカレートしているのは中国であるとのメッセージを総理から出して頂くことも重要。

総理大臣　各々のご指摘はもっともな意見。承知した。

サイバー攻撃による台湾の混乱

3月初め～@台湾

3月初めから、台湾では原因不明の停電が頻発し、病院システムにも障害が発生した。3月11日、台北市中銀行の勘定系システムが入るビルで空調システムが故障し勘定系が停止、台湾全土でATMの停止も発生し、銀行の窓口では取り付け騒ぎが発生した。3月14日午前、台北株式市場が暴落したため、台湾政府は株式市場での取引を停止した模様である。同日14時、日本と台湾の間で金融取引が突然できない状態となった。また、台湾とのインターネット通信は時間がかかり、情報操作やファイルの削除が行われた形跡が見つかった。台湾からのデジタル情報は、何者かが検閲している可能性があった。

3月15日@インド及びインドネシア

インド海軍の無人偵察機（UAV）は、マラッカ海峡を浮上してインド洋に向け航行中の国籍不明潜水艦を探知した。直ちに同海軍対潜哨戒機（P－8）が出動したが探知できなかった。

またインドネシア海軍はツイッターで、インドネシアのアロール島と東ティモール間のオンバイ海峡で操業中のインドネシア底引き網漁船が国籍不明の潜水艦らしきものに漁網を切られて転覆、3名が行方不明になっており、インドネシア海軍哨戒艇が捜索中であると報道した。

3月16日@中国、台北

中国外務省報道官は、「台湾各地で独立派総統誕生への懸念から反政府デモが起きている。間もなく我々は台湾を回復するであろう。これは内政問題であり、いかなる介入もしてはならない」と述べた。

SNS上では、五星紅旗を振りながら台北市内を行進する群衆の映像が流れた。また台湾在住と思われる男が「台湾の生活はいつもどおりである。台湾人は中国への復帰を喜んでいる」と語る映像を配信した。台湾では通信が不安定な状況が続いており、このSNS情報の真偽は不明。台湾政府からの発表もなく、台湾の政府機関やマスコミにはコンタクトできない状態が続いている。
台湾に接続している海底ケーブルが、中国大陸と台湾を結ぶルートを残し、すべて切断され不通状態になっていた模様であると「自由時報」が16日報道した。

対立の激化、進む戦争準備

3月20日@ニューヨーク

アメリカ政府は、台湾海峡の状況が緊迫し、中国人民解放軍がかつてない規模で動員、戦闘準備を整えていることから、国連安全保障理事会で「中国政府は台湾海峡の平和と安定のために、挑発的な行為を今すぐ止めよ」と述べ、安保理に台湾海峡平和決議を提出したが、中国の拒否権で成立しなかった。ロシアや中国から巨額の融資を受けている理事国は採決を棄権した。

3月20日@東京

内閣官房長官は、米国国家安全保障会議（NSC）から日本の国家安全保障局（NSS）

に届いた情報として、台湾は中国の着上陸侵攻が間近に迫っていると見積もり、次の行動を開始したと会見した。

・DEFCONを2として、国家非常事態を発令（予備役約30万人を招集開始）、陸海空軍を統合する統合任務部隊（JTF）編成を発動した。また、戦闘機を始め、重要な戦闘関連装備の防空壕への格納を開始した。

・台湾軍は中国軍の上陸が予想される海岸線と港湾に機雷と水際障害物の敷設を開始した。

また、台湾政府では民進党から独立党への政権移譲が進んでおらず、混乱を極めている状況も併せて伝えられた。

日本台湾交流協会、台湾日本関係協会ともに台湾本土との連絡がつきづらくなっていた。やむを得ず、台湾政府への連絡をアメリカ政府経由で行うよう依頼したが、その際アメリカ政府からは、「アメリカと台湾は緊急時の通信連絡ができるルートを平時から準備・確保できており支援できる」と回答があった。同時に、日本政府と台湾総統府に緊急時の連絡手段がないことに対する驚きと失望の表現があったことに、関係者は悔しさと無力さを感じていた。

3月25日＠北京

日米両政府は、中国政府から「中国は最小限度の武力を使用して台湾の独立勢力を排除し、間もなく台湾を平和的に回復するであろう。これは内政問題であり、いかなる介入もしてはならない。介入した場合、その程度にかかわらず、中国に対する武力攻撃と見なす」との通告を得た。

3月25日＠ワシントンDC

アメリカ政府は「台湾関係法に基づいて台湾防衛のために断固とした措置を取る」と宣言し、日本政府に対して日米安保条約第6条に基づいて在日米軍基地や部隊を使用する準備を始めたことを通知した。また、補給支援（宿泊、弾薬の輸送支援等）、空港・港湾等特定公共施設の使用を通告した。

アメリカ政府はACMを通じて、「このまま事態が緊迫すれば、アメリカは台湾防衛作戦を開始する。開始時期は日本政府に事前に伝える」と通知した。また、日本のNSCに対してインド太平洋軍は DEFCON を4から2（最高度に準ずる戦争準備態勢）に上げたと伝えた。

同日、ニューヨーク・タイムズ紙が「Will Taiwan War Begin?」との記事で、「中国の台湾攻撃が始まれば、台湾防衛の是非をめぐって議会は割れるであろう」との論評を載せ、E通信が「米参戦へ　台湾に部隊、艦船派遣」のスクープを放った。日本の各紙はこれを引用し、アメリカが参戦すれば在日米軍基地は中国弾道ミサイルの攻撃目標になる可能性が高いとコメントした。

北海道、福岡、京都など中国資本が多数入っている都市では反米・反戦活動が発生した。一部が警官隊と衝突。沖縄を含む、全国の米軍基地周辺では反戦・反米デモが激化。沖縄では警官隊と衝突し、多数の逮捕者が発生した。このデモには多くの県外活動家が関与しており、取り調べの結果、一部に国籍不明者が存在していたとの報道が後日流れた。

中国、ついに軍事侵攻開始

3月28日@台湾海峡～バシー海峡～与那国海峡

3月28日0時、中国政府は「台湾海峡、バシー海峡、与那国海峡を『軍事的』に封鎖する。台湾周辺に海上臨時警戒区（防衛水域）を設定し、軍用船舶を含む外国船舶の立ち入りを禁止する。同海域を航行中の外国船舶は24時間以内に当該水域から出ること」と世界に向かって宣言した。海上臨時警戒区には尖閣諸島、先島諸島、フィリピンのバタン諸島、バブヤン諸島が含まれている。

同日、アメリカの偵察衛星は機雷と思われるものを搭載した多数の大型漁船（民兵?）が北と南からバシー海峡、尖閣諸島、与那国海峡方面に向かっている様子を捉えた。東シナ海を哨戒飛行中の海上自衛隊対潜哨戒機（P-1）も多数の大型漁船を確認した。

3月29日@中国→台湾

午前1時、中国軍航空基地から無数の無人機がそれぞれ二十数機のスワーム（集団）を形成しつつ飛び立ったことを台湾の早期警戒レーダーが捉えた。約1時間後、台湾の早期警戒レーダー、地対空ミサイル（PAC-3）レーダー等の防空システムが、上空を徘徊監視していた無人ドローン（ASN-301、イスラエル製ハーピーのコピー）によるスワーム攻撃（集団攻撃）を受けた。スワーム攻撃は波状的に繰り返し行われ、台湾軍の対空レーダー、対空射撃用レーダーの約8割が機能を喪失した。

午前2時、中国は台湾本島と澎湖諸島の政治経済中枢、台湾軍司令部、早期警戒レーダー、通信施設に向けて弾道ミサイル、巡航ミサイルを発射した。台湾軍は迎撃するも、対空レーダーが機能を失ったため、打ち漏らすミサイルで現職の閣僚、軍司令官のうち複数名が逃げ遅れて死亡した。細部は不明である。中国陸軍は金門島（中国・厦門《アモイ》の対岸）、馬祖島（中国本土から約20㎞）に対し、重火砲によって火力制圧を行い、陸上にある軍施設を徹底的に破壊した。早朝に至り、両島の台湾軍守備隊からの通信が途絶えた。

3月29日@尖閣諸島近海

午前4時30分、東シナ海を哨戒飛行中のP‐1哨戒機が宮古島の北方40海里を北東進する国籍不明の潜水艦を探知した。探知状況から中国海軍元級潜水艦（SS）と推定。このまま進めば5時間後に尖閣諸島大正島の接続水域、9時間後には領海に侵入する可能性がある。尖閣諸島周辺が中国の海上臨時警戒区と宣言された後も、海上保安庁巡視船は、尖閣諸島周辺海域にとどまって警備を継続している。

事態室が、国籍不明潜水艦に対して海上自衛隊と航空自衛隊を対象として、何らかの行動命令を付与するとの情報が流出し、メディアの報道は二つに分かれた。

リベラル系のA新聞は「防衛出動を命令か？」「防衛出動には自衛隊法76条により国会の承認を直ちに得ないといけない。国会で議論すべき」と報じ、B新聞は「自衛隊に防衛出動命令か」と報じ、コラム欄において「シン・ゴジラとは違う」「映画シン・ゴジラでは上陸した巨大不明生物に対し、自衛隊に防衛出動命令が下り、名付けられた〝ゴジラ〟と立ち向かうが、日本は法治国家であり、国会の承認が必要だ。首相は独断で発令すべきではない」と、防衛出動下令を否定的に報じた。その一方で、保守系のC新聞、D新聞は直ちに自衛隊を派遣し、領土領海を守れと主張した。

午前6時、日本政府は中国政府に対し外交ルートを通じて、国籍不明潜水艦を発見し、海上自衛隊が追尾を継続していることを告げ、仮に中国海軍の潜水艦であれば、直ちに針路を変更するように要望した。中国政府は「人民解放軍の活動に関する質問には答えられない。いずれにせよ、釣魚群島は我が国の領土であり、日本政府は海上臨時警戒区には進入するな。今後、同区におけるいかなる軍事活動も我が国に対する攻撃と見なす」と回答した。

午前8時、中国発と思われるSNSを通じて、中台武力衝突で破壊された台湾陸海軍の車両や負傷した兵員の写真や動画が世界に拡散した。同時刻、中国外務省報道官は「台湾の混乱は内政上の問題であり、外国政府は介入してはならない。中国は他国を巻き込む事態を望んでおらず、その意図もない。ただし、日本政府が米軍支援や在日米軍基地の台湾攻撃作戦のための使用を許可すれば、中国に対する軍事行動と見なし、日本全土は軍事目標となることを免れない」と警告した。

中国の破壊工作、経済団体の反対、官邸の判断

3月29日@日本

未明から早朝にかけ、与那国・石垣・宮古の海底ケーブル陸揚局、火力発電所、通信施設で原因不明の火災や事故が発生し使用不能となった。これらの島では衛星通信、インターネット、電話回線は不通となる。自衛隊の基幹通信・防衛マイクロ回線も沖縄本島以西が不通となった。

また横浜衛星管制センター及び茨城ネットワーク管制センターに対し、深夜何者かが爆破破壊工作を行い、スカパーＪＳＡＴ社保有の通信衛星の管制が困難となった。

この状況を受け、同日13時、防衛大臣は先島諸島に所在する陸自部隊に自衛隊法制定後初めてとなる「治安出動下令前の情報収集活動（行治情命）」を命じた（この行動命令を受けた部隊は、武器弾薬を携行して情報収集活動を実施できるとともに、自己等防護のための武器使用が可能となる）。

同13時、経済三団体が、「戦争絶対反対。政府は台湾海峡の平和と安定に努力されたい。中国と台湾の日系企業及び日本人社員の安全を第一に考えた政策を望む」との要望書を与党に改めて提出した。沖縄の自衛隊基地所在地の首長が政府に対して地元住民の安全確保を要望した。日本船主協会、全日本海員組合は日本関係船舶の安全確保を強く政府に要望した。リベラル系のA新聞やB新聞のほか全国の地方紙40紙が、足並みを揃えて「戦争絶対反対」を表明した。

3月30日@首相官邸、国家安全保障会議緊急事態大臣会合

防衛大臣　昨日、台湾に対してミリイルが撃たれており、これは台湾有事と認識すべき。また中国が設定した海上臨時警戒区には、我が国の領土である尖閣諸島、先島諸島が含まれており、外交的には厳しく抗議することは当然であるが、軍事的には日本有事の一歩手前という状況が発生している。その流れの中で宮古島などの事案が発生している。現在は「行治情命（治安出動下令前の情報収集活動）」を受けた部隊が各島において細部の情報を収集しているが、今はまさに有事に備えた事態認定を判断すべき時期にあると考える。

官房長官　防衛大臣ご指摘のとおり、石垣や宮古における破壊活動とも思える事案からすると、いつ武力攻撃が行われてもおかしくない状況と認識する。従って今この時点で武力攻撃予測事態として必要な防衛の準備を始めるべき。安保局長、見解は？

安保局長　官房長官のご認識のとおり、この段階では武力攻撃予測事態に該当する。

防衛大臣　官房長官、この段階で防衛出動を念頭において武力攻撃予測事態を認定することになれば、認定を前に速やかに国会に諮る必要があると認識するが、いかがか？

官房長官　防衛出動は原則国会の事前承認が必要である。もちろん「そのいとまがない場合」という規定はあるが、武力攻撃予測事態を認定するということであれば、防衛大臣ご指摘のとおり、国会に諮ることは重要である。武力攻撃事態認定においては、国会を開いて説明することが必要であるが、武力攻撃予測事態ということであれば、党首会談というレベルも考えられる。

総理大臣　国民に対し、状況を明らかにして理解を求めることが重要であり、そのためにも党首会談は必ず必要。切迫の度合いにもよるが、可能な限りその後国会へ報告するようにしたい。

安保局長　情報をオープンにして、国民に共有・理解して頂くという総理ご指導の具体化として、例えばソーシャルメディア等を通じて、法律などの「制度ナレッジ（知識）」と、生起している事実関係「事態ナレッジ（情報・認識）」を発信し、国会で決議頂く国会議員や国民の理解レベルを向上していくことも有効と認識する。

総理大臣　そのとおりだと思う。政府から積極的に情報を出していくことが重要。後追いにならないよう、タイミングよく出してもらいたい。

防衛大臣　特に「先に武力攻撃を仕掛けたのは中国」という事実関係を国際社会に対して発信していくことが極めて重要だ。外務大臣も含めてよろしくお願いしたい。

外務大臣　その認識・事実関係を国際社会に訴えるようにしたい。

官房長官　あと何時間かすると中国の艦艇が尖閣に近づいているという状況において、どの時点で防衛出動を発するべきなのか？　海上作戦上、どの時点で防衛出動を下令すれば守れるのか？　そのポイントを教えて欲しい。

海幕長　中国の艦艇が領海に侵入したという事実のみをもってこちらが武力行使を行うことは困難である。ただし、中国の艦艇が武力を行使した時点では、こちらも自衛権に基づく武力行使が遅滞なくできるよう事前に防衛出動を発令してもらいたい。

統幕長　外部からの武力攻撃のおそれがある場合、例えば中国の艦隊が戦闘陣形を取って尖閣の領海内に侵入するような兆候があるような場合は、速やかに防衛出動を発令して頂き、実際に武力攻撃が生起した段階で、自衛権に基づく武力行使が遅滞なくできることが重要と認識している。

官房長官　我が国の領海でありながら、攻める中国には有利で、我が方には不利な状況にあると思う。その不利な点をカバーできるよう、統幕長が示された一例も含め、防衛出動発令時期に関する要件的なものを防衛省として至急報告し、総理の承認を得られたい。

防衛大臣　承知した。速やかに報告する。

島に残った住民をどう守るのか？　サイバー反撃は？

防衛大臣　陪席の陸幕長から一点、問題点と対策を報告させる。

陸幕長　中国の侵攻の兆候が高い段階以降、総務省を通じて先島諸島の住民に、災害対策基本法に基づく島外避難をお願いしてきたが、島を離れることに抵抗がある方を含め、未だ多くの方々が島に残られている。今後防衛作戦準備が重点になるが、これ以降は島外避難が難しくなるであろう。従って、島に残られた方々をどう守るのかを定めておく必要がある。一つはジュネーブ条約第一追加議定書に基づき、地域を指定して住民に集まって頂き、非武装地域や無防備地帯として指定する方法である。集まる場所として適切な場所があるか、またその場所に集まってもらえるのかなど、様々な問題があるが、国と自治体の責任として、島民に犠牲者が出るようなことにならないよう処置することが重要と認識する。これは総務省との連携が重要であるので、よろしくお願いしたい。

官房長官　承知した。指示する。

安保局長　サイバー攻撃に対する対応について総理も強い危惧をお持ちであるが、反撃の観点も含め、防衛省としての認識をお聞かせ願いたい。

防衛大臣　まず能力について統幕長から報告させる。

統幕長　防衛省・各自衛隊の通信インフラを守る機能は保持をしているものの、既に報告された一部機能については破られているのが現状である。被害状況とその手口、復旧要領等を鋭意検討中である。残念ながら、防衛省・自衛隊以外の通信インフラを守る能力は自衛隊にはない。またこれも残念ながら、反撃に関しては、攻撃源を特定（アトリビューション）する力が必要であるが、その能力も、また反撃の権限も保有していない。

経産大臣　この状況において何も対応しなければ、「日本政府は国民も経済も守れない」ということになりかねない。中国が元凶であると国民も分かっている状況において、手立てなしでいいのか。ここは反撃力を持つ米国の力を借りるべきではないか。

防衛大臣　経産大臣のご発言に同意。米国の反撃に頼らざるを得ないと考え、ACMを通じて要請をしたい。

総理大臣　直ちに要請してもらいたい。

3月30日@ワシントンDC

16時（米東部時間午前3時）、アメリカ国務省は緊急声明を発表、中国政府に対して「台湾攻撃は不法な武力行使であり、アメリカ政府は必要な措置を取るであろう」と宣言、アメリカ大統領はインド太平洋軍に即応体制を取るように命じた。

これを受け、インド太平洋軍は台湾防衛作戦の初期配備位置に向けて移動を始めた。

中国軍、台湾への着上陸作戦開始

3月31日～@台湾

3月31日深夜、台湾軍の沿岸監視レーダーは、台湾海峡を南から北に向かって航行する普段より多数の商船を探知した（AIS〈船舶自動識別装置〉による情報）。台湾海軍は確認のため呼びかけを行ったが返答がなく、そのうち1隻から中国海軍 Yuzhao 級戦車揚陸艦（LST）のものと思われる航海用レーダーの電波を探知したため、雄風II型地対艦ミサイル（SSM）を発射した。中国海軍LSTは沈没したが、国際VHFで日本関係船舶（日本郵船保有、パナマ船籍）のコンテナ船「ノブカツ丸」が攻撃を受け、乗組員が死傷したとSOSが発信された。

4月1日、事態室が日本郵船に確認したところ、コンテナ船「ノブカツ丸」は山口県宇部港沖に錨泊中であり、攻撃された事実はないとの回答があった。事態室は、日本船主協会を通じ各船会社に対して、海上臨時警戒区とその周辺海域を航行中の日本関係船船の存在について確認を始めた。
4月1日払暁、中国強襲揚陸部隊第1派は、台湾北西部の台北港、淡水河口、竹圍漁港、北東部の宜蘭港に対して着上陸侵攻を開始、桃園空港に空挺旅団が降下した。台湾軍は激しく抵抗し、双方に多くの損害が出たが、4月3日早朝には、中国軍は桃園空港周辺に橋頭堡を確保し、大規模な陸軍部隊の揚陸を開始した。

4月1日@日本

4月1日11時、九州全域の太陽光発電所で、仕掛けられたロジカル・ボム（一定の条件が満たされると動作を開始するマルウェア）により、遠隔制御システムが停止し、太陽光発電所が一斉に停止。太陽光が脱落したことにより、約4割の電力供給が瞬時に失われたため、需給バランスが崩れ電圧が低下し、系統電源が不安定となり、九州全域でブラックアウト（大停電）が発生。九州内に所在する自衛隊の全部隊、警察、消防、病院などは非常用電源に切り替えた。また、系統電源が繋がっている中国電力管内、四国電力管内でもブラックアウトが発生。九州電力管内では、変電所および火力発電所で物理的な被害が発生。中国・四国電力管内の復旧まで36時間、九電管内では完全復旧まで1週間を要すると見込まれた。

同じく11時、東京、大阪地域のクラウドサービスプラットフォームを提供しているAWS（Amazon Web Services）を収容するビルの空調システムで、ロジカル・ボムが発動。室内の温度が上昇したことによりサーバーが緊急停止、一部サーバーには物理的故障が発生した。日本政府のクラウドサービスのみならず、電子商取引、オンラインバンキングサービスなど広範囲のクラウドサービスが停止。復旧までに24時間以上と見積もられ、九州地区と同様、大きな社会的混乱が発生した。

同じタイミングで、航空自衛隊各方面隊の防空指揮所のビルの空調システム及びネットワークシステムでもロジカル・ボムが発動。室内の温度が上昇したこと等により、自動警戒管制システム（JADGE）が緊急停止、一部サーバーには物理的故障が発生した。JADGEを利用した戦闘機への指示が一時的に不能になった。また陸上自衛隊各方面隊のビル空調システム及びネットワークシステムでもロジカル・ボムが発動。室内の温度が上昇したこと等により、防衛情報通信基盤（DII）システムが一部停止、一部サーバーには物理的故障が発生した。統合幕僚監部（東京・市ヶ谷）はDIIを予備系に切り替え、陸海空の統合的情報通信を確保する準備を始めた。

尖閣諸島が占領された！

4月2日@尖閣諸島

4月2日、中台海軍間の衝突は東シナ海に拡大し、戦略的要衝にある尖閣諸島及び南西諸島の海空域の支配をめぐって衝突が発生、中国軍が尖閣諸島を占拠した。中台海軍の戦闘から退避を急いでいた海保巡視船1隻が原因不明の水中爆発で沈没、乗員100名が死亡し、負傷者は海保の僚船に救助された。海保の巡視船3隻は、戦闘行動から距離を置いて現場に留まり、次の行動に備える態勢を取った。

4月2日@首相官邸、国家安全保障会議緊急事態大臣会合

官房長官　海保からの報告によると、極めて不本意だが、防衛出動する前に尖閣諸島がとられてしまった。今後の対応について意見を伺いたい。

外務大臣　まずは「日本の固有の領土に対する侵略であり、国際法を無視した行為である」という強いメッセージを出すとともに、米国から「尖閣の防衛義務は安保条約の対象である」ということも改めて引きだしたい。さらにこの侵略に対して日本が自衛権を行使することは法的に当然の権利であることを明確に発信したい。

防衛大臣　中台海軍間の戦闘の流れに見せかけて奇襲的に占拠したものと見た方がいいだろう。統幕長に、米国の反応、および奪回作戦に関する認識を確認したい。

統幕長　米インド太平洋軍司令官から、既に米軍は臨戦態勢にあるとし、必要な戦力展開をするとしている。細部は現在確認中。尖閣の奪回作戦であるが、実行する場合は、石垣島を主たる拠点にして作戦準備を進めることになると考える。しかし、現在通信状況が悪く、石垣警備隊との連絡が取れない状況にある。また水陸機動団による奪回作戦実行は、局地的な海上・航空優勢が確保されていることが必要であるが、その可能性について確認が必要である。これらの要件も含め考慮すべき事項を明らかにしたうえで、奪還作戦の要否を決断頂きたい。

防衛大臣　了解した。現状中台間において海空域の支配をめぐりせめぎ合いが起こっていると思うが、奪回のためにはこれを押し返すための努力を海自と空自には取り組んでもらいたい。その上で陸自の奪回作戦が成り立つものと認識している。また、作戦の優先順位としては究極的には、台湾防衛に参戦する米軍への支援よりも我が国の領土を守ることが大事である。防衛大臣として領土、すなわち尖閣は譲れない。統幕長には、そのような作戦を考えてもらいたい。

統幕長　了解した。尖閣奪還と同時に、現在状況が不明となっている先島諸島の安全確保を実現するための作戦を練りたい。

防衛大臣　総理には後ほどご決断頂きたいと考えているが、防衛出動を速やかに発令すべきと考える。官房長官には、国会手続きについてもご調整願いたい。

先島諸島防衛と尖閣諸島奪回の2正面作戦は可能か？

官房長官　防衛出動の下令は、原則事前承認であるが、時間的ないとまがない現況においては、事後承認を求めざるを得ない。万が一でも、これが否決されることがあってはならないので、しっかりと国会対応をとりたい。なお、先ほどの防衛大臣のご発言にあった作戦の優先順位であるが、一つ確認しておきたい。先島諸島を守りつつ尖閣を奪回することを第一優先とするということであるが、自衛隊として、与那国・石垣・宮古島などの先島諸島の防衛作戦と、尖閣諸島の奪回作戦の2正面作戦の遂行は実態的に可能なのか？

統幕長　陸自そのものの戦力としては、先島諸島防衛の部隊は現在、海空自衛隊の支援を得て、逐次各島へ戦略機動展開を開始するところである。一方で尖閣諸島奪回の部隊としては、水陸機動団および空挺団などを念頭においており、2正面作戦は可能であると考えているが、問題はどちらも海空自の輸送力が十分とは言えず、奪回作戦時は、機動展開のための輸送力を一部削減することも考慮する必要がある。

また、尖閣奪回後においても常続的に島を守る必要があるが、このためには開豁《かいかつ》した何も防護手段がない島に展開する上陸部隊に対して、中国軍による長射程火力や着上陸侵攻からの防護策を講じねばならない。例えば空自のPAC－3や陸自の「中SAM」(03式中距離地対空誘導弾)などの防空システムを速やかに上陸展開することが緊要である。また継続的に海上・航空優勢を維持しつつ上陸部隊に対する弾薬・燃料・糧食など兵站支援も行うことを考えると、先島諸島防衛と股裂きになる。領土は絶対に渡さないという防衛大臣のご指導は全くの正論である。一方で軍事的な合理性、可能性の観点から、そして住民の所在する先島諸島防衛と無人島である尖閣諸島奪回の作戦の特質を鑑みた場合、先島諸島防衛を優先すべきということを助言させて頂きたい。

官房長官　中国の視点から見ると、自衛隊の戦力、そして日米の戦力を分散させるため、尖閣諸島へ陽動作戦をしていると見ることも必要ではないか？　尖閣、先島諸島へ攻撃を仕掛ければ、米国は台湾防衛に集中できなくなり、それは中国の台湾進攻に有利に繋がる。また我が国も、尖閣、先島、そして台湾防衛のための米軍支援の3正面作戦を行わなくてはならなくなり、戦力が分散される。統幕長の意見具申は非常に重い意味がある。速やかに総理のご判断を頂くべきと思うが、ちょっとここで小休憩をとるので、その間に防衛大臣、統幕長と少し検討の時間を頂きたいと思う。総理、それでよろしいか？

総理大臣　極めて重要な判断である。よろしく頼む。

アメリカ、台湾防衛作戦を開始

4月2日@中国

中国に進出中の日系企業（約1万3600社）の資産凍結に関して、中国当局の方針が矢継ぎ早に報道される。同日、北京及び上海駐在の日系企業十数社の社員約100名が治安上の理由で中国当局により拘束。外務当局が交渉するも全く進展しない。レアメタルの輸入をはじめ日中経済案件のほとんどが停止、中断した。

4月2日@宇宙

宇宙空間では、ハッキング及び物理的破壊により、準天頂衛星が活動停止状態となった。軍事用GPSも、特に南西域において一時的に機能障害が発生したことが米軍からの情報で判明した。

米連邦政府向けクラウドコンピューティングを提供しているAWS GovCloud リージョンでサイバー攻撃によりシステム障害が発生。連邦政府のクラウドコンピューティングが使用不能になった。また、国防総省・米軍向けにクラウドコンピューティングを提供しているマイクロソフトの政府クラウドでも、サイバー攻撃によりシステム障害が発生。アメリカ国防兵站局（Defense Logistics Agency：DLA）のクラウドシステムが使用不能となり、補給品の配送に大幅な遅延が生じる。

4月3日@ワシントンDC

米国はサイバー反撃を開始し、日本政府に対してサイバー攻撃への寄与を要請した。

4月3日@日本近海

九州西方海域、豊後水道、紀伊水道、伊良湖水道、浦賀水道の沖合で我が国漁船等が次々に機雷のような物体を発見、浮遊模擬機雷と判明し、海上保安庁は緊急通信系を使って漁業者、海運業者、港湾管理者など海事関係者に注意喚起した。海運各社は船舶の運航を凍結した。海運停止によって各種経済活動が加速度的に縮小すると見込まれ、国民生活への不安が拡がった。

機雷敷設に関する日本政府からの問い合わせに対して、中国政府は「謂れのない言いがかりである」と強く否定した。

4月5日@米国

アメリカ政府は台湾防衛作戦の開始を宣言し、南西諸島と日本本土の米軍基地を発進した航空機が台湾空軍とともに台湾防衛作戦に参加した。アメリカ政府は日本政府に対して、台湾防衛に従事する米軍部隊に対する全面的な支援を要請した。

中国の関与により、与那国島が独立を宣言

4月4日～@与那国島

午後、海上自衛隊P－3Cは東シナ海を南東進する中国水陸両用戦部隊を視認した。また深夜、与那国島との一切の連絡が取れなくなった。

4月5日早朝、与那国方面を偵察した海自P－3Cに対して、中国から「与那国島に近づくな。20マイル以内に進入すれば撃墜する」との警告が入った。P－3CはECMで地対空ミサイルS－400の捜索用レーダー波を与那国島方面に探知した。

4月6日、陸自与那国警備隊との通信連絡が不通となる中、中国メディアは「与那国島では日本からの独立と琉球王国の復活に関する住民投票が実施され圧倒的多数で可決された。不服とする住民及び陸自警備隊は石垣島に船舶で移動中」と報じた。また、琉球王国の復活を喜び、琉球王国旗を掲げる住民の映像と中国陸上部隊が上陸してくる映像も公開された。

4月7日@首相官邸4階小会議室、国家安全保障会議4大臣会合

防衛大臣　与那国島の現状認識について統幕長から報告させたい。

統幕長　先島諸島全体において通信インフラが断絶し、各島の警備隊等と連絡が不通になっていたが、中国側の発表が事実とすれば、与那国に中国軍の上陸を許してしまった結果となった。断腸の思いである。与那国監視隊とも未だ連絡が取れない。これまで沖縄本島に離脱された住民の方々の言によれば、武器を持った中国の工作員らしき者と、近年移住して来ていた住民たちによって、強制的に島を出ざるを得なかったとのことである。おそらく、その者たちの手招きによって、密かに防空部隊等を上陸させたものと推測する。遺憾ながら約170名の与那国監視隊の動向は、確認できていない。現在UAVの運用、特殊部隊の潜入を含め、あらゆる手段を講じて上陸した中国軍の状況、与那国監視隊および島に残る住民の状況について情報収集しているところである。なお島に配置されたであろうS－400は強力な対空ミサイルであるため、これを潰さない限りは空からの接近は困難である。

　4月2日の会議でも意見具申させて頂いたが、統幕長としては今後、与那国島奪回作戦を第一優先とし、次いで米軍支援に可能な限りの努力を集中したい。極めて不本意で

はあるが、尖閣諸島は両作戦の目途が立った段階で奪回作戦に移行したいと考える。

なお米軍からは、台湾防衛に従事する米軍部隊に対する全面的な支援を要請されているが、与那国を含む先島諸島に対する防衛作戦実行段階においては、戦力的に米軍の支援要請全てに応えられるかどうかは確約できないと思われるので、今後、米国と協議したい。

防衛大臣　総理、先の会議以降、優先順位についてご指導を受けてきたが、ここに至っては防衛省として、統幕長の意見具申のとおりの優先順位で防衛作戦を実行したい。

総理大臣　その方向しかないな。作戦遂行に当たっては、あらゆる手段を駆使して、島に残る住民の情報を収集し、その生命の安全を確保してもらいたい。

防衛大臣　肝に銘じます。なお、米軍が台湾に戦力を集中したいことは承知しているが、与那国島の奪回はまさに強固な日米同盟の証として、日米共同作戦を実行できるよう早急に調整をしていきたい。もちろんこのためには、我が国独自による作戦が先であり、主体であることは言うまでもない。

安保局長　サイバー反撃に関する米国の要請対応であるが、極めて残念ながら我が国は反撃能力を有しないため、その旨米側に返答したい。現在は武力攻撃事態であるので、法的にはサイバー反撃は可能であるものの、能力を保有しない以上、いかんともし難い。

外務大臣　北京、及び上海駐在日系企業社員約100名拘束について対応を急ぎたい。米豪欧州も同様に人質外交に苦慮していると聞いており、これらの国々と共同戦線を張って対応していく。併せて、在日中国人への対応を如何にするのか、方針を定めるべきと考える。

官房長官　在日中国人に対して、中国と同様の人質作戦を行うことは、日本としての人権に対する考え方からして難しいというか、やるべきではないと思う。それよりも中国に対する経済制裁措置を考え、ボディーブローのように中国の戦争継続意志を削ぐことに繋がる施策を考えるべきである。NSS経済班において、経済的オフェンス案を早急に検討してもらいたいと思う。

安保局長　平成22年、中国のレアアース禁輸事案の教訓がまとまっており、至急その教訓から中国の弱点を洗い出し、具体策に繋げたい。後ほど報告する。

外務大臣　QUADにおいてインドは軍事的側面での対応を嫌うが、経済的な観点も含め幅広い視点から、インドが中国に対して意義ある役割を担ってもらえるよう具体化したい。

シナリオ④　危機の終結

シナリオの概要

一度始まった戦争は必ず終わらせなければならない。しかし、戦争の終結は始めるよりもはるかに難しい。

中国による台湾への本格的な着上陸侵攻は、日米を巻き込む地域紛争に発展した。航空及び海上の激しい戦闘の結果、日米台は海空戦力に大きな被害を受ける。中国は大きな損失を出しながらも、与那国島と尖閣諸島を占拠し、台湾本島の上陸に成功する。台湾本島の戦線は台湾軍の激しい抵抗に会い膠着するが、米軍の来援部隊増強やサイバー攻撃によって、彼我の優劣は次第に逆転する。

米軍は、中国本土の航空基地・海軍基地に対する攻撃を計画、自衛隊に参加を要請。この段階で中国は、国連安全保障理事会に即時停戦の決議を提案した。与那国島と尖閣諸島を占拠されている日本は停戦を受け入れるのか、終戦までの過程をどう描き工作するのか。

嘉手納基地、那覇基地にもミサイル攻撃

2024年4月10日@沖縄

沖縄の米軍嘉手納基地と自衛隊那覇基地は、中国の大規模ミサイル攻撃を受けた。滑走路や地上設置型の燃料タンク、整備補給施設等に甚大な被害が発生した。地中貫通型弾頭を搭載した精密誘導弾道ミサイルによって、掩体に退避中の戦闘機も大きく破損した。ミサイル攻撃に続く航空爆撃によって、燃料庫と弾薬庫の半数が使用不能となった。

4月10日~@台湾

沖縄の基地に対する攻撃によって台湾海峡の航空優勢・海上優勢を獲得した中国軍は、

台湾の航空基地や沿岸防御部隊へのミサイル攻撃・航空攻撃を継続し、本格着上陸侵攻作戦を開始した。中国は、台湾の民間港湾施設への事前工作によって、台湾中部の台中港の運用支配に成功していた。ここに強襲揚陸艦、民間輸送船、漁船等を横付けし、戦車を含む1個師団規模の部隊を上陸させた。上陸部隊は、空挺作戦で侵入したコマンド部隊と協同し、台湾軍との激しい市街地戦を展開する。

4月12日、中台の武力衝突は台湾全島に拡大。金門・馬祖・澎湖諸島・東沙諸島・太平島などの離島は中国軍によって占拠された。米中は相互に資産凍結、経済活動の遮断、国内在留の相手国籍人の行動規制等を実施。GDPの上位3国が紛争状態になったことで、世界市場は大混乱状態となる（株価暴落、為替乱高下等）。

4月10日～@日本

中国からと思われるサイバー攻撃が頻発し、日本国内の重要インフラ（電力、銀行、携帯電話網）がマヒする状態が断続的に生起、国民の不安と動揺が広がる。野党・マスコミでは、与党・政府の責任を追及する声と、中国の武力攻撃を批難し徹底抗戦を主張する声が錯綜している。経済界からは、戦争の早期収拾を求める声が強まっている。平和団体や在日中国人による反政府デモが各地で起き、反中国のデモ隊と衝突、機動隊が出動する騒動が続いている。

アメリカに中国本土の基地攻撃を要請

4月12日@首相官邸、「南西方面武力攻撃事態」対策本部

総理大臣　深刻な事態だ。丁寧に国民に説明する必要があるので、現在わが国が置かれている状況について所掌から報告されたい。

防衛大臣　南西諸島の各自衛隊基地に対するミサイル攻撃で、燃料弾薬等の保管施設、滑走路に被害が出ている。ここ数日の戦闘で、空自は南西方面隊の戦闘機部隊に壊滅的な被害を受け、海自は艦艇10隻の沈没と約800人の死傷者、潜水艦3隻・約210名の乗員が消息不明となっている。陸自は石垣・宮古のSSM部隊が応戦するも射程が足りず戦果無し。逆に中国のミサイル攻撃によって戦闘機能を喪失したが、辛うじて中国軍の上陸を阻止する体制を維持している状況である。また、自衛隊の弾道ミサイル防衛システムはイージス艦・パトリオット部隊ともにミサイルを撃ち尽くした状況だ。米軍にも相当の被害が出ており、第　列島線の全般的な航空・海上優勢は喪失したと言わざるを得ない。現在、尖閣諸島は中国軍に占拠されており、非軍事的に占拠された与那国島には中国軍の両用戦部隊が上陸し、防備体制を固めつつある。各幕僚長から尖閣・与那国奪還作戦について説明させる。

統幕長　現地の被害状況、燃料弾薬等の継戦能力、また復旧しつつある滑走路等の使用可能状況を見積もり、奪還作戦を計画中である。海空優勢は奪還作戦の必須条件であり、米軍との緊密な作戦調整を実施予定だ。米台の要求により各統合参謀司令部に設置した相互連絡調整組織を活用する。滑走路、桟橋の機能は徐々に復旧に向かっている。

防衛大臣　与那国の住民は全員退避したのか？　上陸しているのは日本人ではないから、火力を使っても問題ないな。

陸幕長　与那国の住民１７００人の内、まだ約２００人は島内に残留していると思われる。沿岸監視隊警備小隊を通じ、住民には役場に集まってもらい中立化地域を宣言し(ジュネーブ条約第一追加議定書)、軍民の分離を図って住民保護と奪還作戦を両立させる。燃料弾薬については宮古島の弾薬庫の備蓄でどの程度持つか、確認中である。与那国奪還には局地的な海空優勢が必要であり、海空自衛隊と米軍に期待する。

空幕長　航空優勢の獲得には米空軍の戦力投入が必要。空自も中空・北空の戦闘機部隊を南西方面に展開させるが、そのためには那覇基地、嘉手納基地の滑走路の被害復旧と防御態勢の再構築が要る。特定公共施設に指定された民間空港の日米共同使用も必要だ。また、南西域のＢＭＤ（弾道ミサイル防衛）は弾切れで機能していない。ＰＡＣ－３ミサイルを緊急取得するとともに、中国本土のミサイル発射能力を減殺するため、米国に中国本土の基地攻撃を要請して頂きたい。

海幕長　現在、艦艇10隻、潜水艦３隻が撃沈する甚大な被害を受けているが、運用可能な艦艇で戦闘の継続は可能だ。生存者の救出に全力を挙げており、戦闘地域での戦闘捜索救難（ＣＳＡＲ）が必要。作戦準備段階で展開した弾薬は、弾薬庫の容量が小さいため野積みとなっており、脆弱な状況だ。海上優勢の確保については米海軍と協同し、線で押し返すのではなく、枢要な地域に多方面から小規模攻撃を集中し敵の行動を阻止する。日米の作戦を一体化するためのタイミングが重要であり、陸の奪還計画とシンクロさせていきたい。

防衛大臣　ＡＣＭを通じて、米側に中国本土のミサイル基地・航空基地への攻撃を要請したい。海空優勢奪回のため、台湾の北の戦域は日米、南は米台という役割分担にしてはどうか。与那国は住民が残っており、完全に占拠されたわけではないので、終戦時に我が方のフットプリントを確保するためにも現地部隊に頑張って欲しい。

官房長官　これだけ多数の犠牲者が出ており、治安も悪化、国民世論は動揺している。尖閣・与那国奪還作戦には更なる犠牲も覚悟しなければならない。どこまでの被害を許容するのか、政治的な判断が必要だ。

安保局長　現状の再確認だが、尖閣・与那国を占拠され、台湾も金門・馬祖・澎湖島の離島を取られた状況である。台湾本島では激しい戦闘が続いているが、中国の最終目標（End State）について分析すべき。米中の終戦に向けた様々な動きの中に、日本として確保すべきEnd Stateを入れ込んでいかねばならない。

防衛大臣　在日中国人の情報活動や工作に対して、資産凍結や身柄拘束など何らかの牽制手段はとれないのか。やられっ放しでは問題だ。官房長官に経済制裁等の対抗手段を取りまとめて欲しい。

経産大臣　現行法で可能な経済的手段を検討する。身柄拘束は別件逮捕のようなことにならないか。警察庁とも連携が必要だが、限界がある。

総理大臣　官房長官、よろしく頼む。国民向けの総理会見をセットして欲しい。

核攻撃の可能性に、どう対処するか

4月25日@ニューヨーク他

台湾全島の経済活動は停止状態となったが、戦線は日米台の連携により第一列島線の西側で膠着していた。英米仏は国連安全保障理事会（UNSC）において、中国に速やかな停戦と原状回復を要求するが、中国は内政問題として拒否し、アメリカの軍事介入の不当性を主張した。同日、英仏豪が対日米支援の意志を表明、日本に対し派遣兵力の受け入れ、空港・港湾施設の使用、補給支援等の調整を求めた。ロシアは中立的な政治姿勢を維持しているものの、東部軍管区に大型の軍輸送機が多数飛来。択捉空港には戦闘機多数が飛来したが、我が国への近接飛行はしていない。北朝鮮に目立った動きはない。

4月26日@東京

ACMを通じ、米国から今後の対応方針と日本への要望として、以下の説明があった。

・米国は中国からの海空攻撃に加え、米本土インフラへのサイバー攻撃、GPS衛星への攻撃を受けており、中国に対する本格的な領域横断作戦を実施する。日本側から要請のあった中国本土のミサイル基地・航空基地への攻撃も計画する。自衛隊には、湛江・寧波の中国海軍基地に対する攻撃及び米軍機への空中給油・援護機随伴・捜索救助等の支援を要望する。自衛隊の実施する尖閣・与那国奪還作戦との整合を図りつつ、協同していきたい。
・米国サイバーコマンドは、PLA（人民解放軍）の指揮通信システム及び民間重要インフラに対する反撃を既に開始した。中国国民向けの心理戦、党指導部批判への世論誘導、中国の武力侵攻の不当性・違法性を国際社会に訴える情報戦を強力に遂行する。日本にもSNS等を利用した戦略的コミュニケーションを大掛かりに実施してもらいたい。
・空自戦闘機が台湾戦闘機を撃墜する友軍相撃事案が複数発生しているため、参戦予定の英仏豪の部隊を含めた敵味方識別符号、作戦情報の共有と秘匿を徹底されたい。

4月27日@首相官邸、「南西方面武力攻撃事態」対策本部

安保局長　米軍は中国本土への攻撃やサイバー攻撃を含む領域横断作戦の実施を決断し、

日本に協同することを要請してきた。事態を拡大し中国本土を攻撃する目的の日本政府としての評価、またわが国として実行可能なプランの検討が必要だ。

防衛大臣 台湾に武力侵攻し地域紛争にまで戦火を拡大した責任は一方的に中国にある。南西方面の劣勢を考えると中国本土への航空攻撃しかない。これは、更なるエスカレーションを防ぐための行動として、国民にも理解を得て頂きたい。

官房長官 これ以上の拡大を防ぐため中国本土への攻撃を米国と協力して実施するというのは重大な決定であり、総理のご判断が必要な局面である。これによって終息するシナリオと、核の使用等さらに拡大するシナリオの両方を考えるべき。特に後者の悲観的なシナリオでは、どこまで日本として踏み込む覚悟があるのか、早急に判断して頂きたい。

総理大臣 アメリカは核攻撃まで想定しているのか？　報復に日本が中国から核攻撃される可能性は無いのか？　その時にアメリカの核の傘は機能するのか？

安保局長 米国が目指す終戦の状態とそれを実現するための米軍の作戦計画次第だが、日本政府としてそこまで把握できていない。当然、戦況の推移にもよる。戦略核は抑止のみと考えるが、戦術核については通常戦闘を終息させるため使用する可能性は否定できない。ロシアのウクライナ紛争でプーチン大統領は、ＮＡＴＯが介入した場合には核兵器を使用する可能性が有ったと認めている。今回のような事態に備え、戦争終結までの総合的な計画、X-day や D-day 等の日程を明示した意思決定時期とその内容、日米の役割分担等についてＡＣＭで協議しておくべきであった。

防衛大臣　今からでもＡＣＭを通じて核の限定使用についての日米間の認識を統一すべきだ。米国が最終的に使用もやむを得ないと判断するのであれば、日本も覚悟を決める必要がある。

官房長官　ＡＣＭでの議論も必要だが、この問題は首脳間での協議が要る。外務省は中国とのパイプをつないでその最終的な意図を探るとともに、今後の作戦計画と終息に向けたシナリオについて米側とハイレベルで協議して欲しい。

総理大臣　首脳会談はマストだ。準備を整え、機を失せずに実施したい。

安保局長　直ちにセットする。局地的な核兵器の使用は重い判断であり、国内の重要インフラが混乱・麻痺している状況で国民にどう伝えるか。Escalate to de-escalate（緊張を高めることによって、それ以上緊張が高まることを抑える）の正当性は一般国民には理解困難であり、パニックを引き起こす恐れもある。米国の Assurance（核抑止力に係る日本への保証）の確保など、普段からの積み重ねが必要だったと痛感する。

敵基地攻撃も情報戦も、日本は能力不足

防衛大臣　米軍は自衛隊に中国海軍基地への攻撃を要求している。一方、尖閣・与那国の奪還は自衛隊に任せるというニュアンスだが、可能か。奪還作戦は自衛隊でやらざるを得ないとして、自衛隊による攻撃についてはその効果と必要性を検討する必要がある。これをやらずして流れを変えられないのか、安保局長の所で至急まとめて欲しい。話は変わるが、国内は分断・混乱しており、二分化する国論を一つにする必要がある。この際、与野党一体で難局に当たるため、大連立という考えはいかがか？

官房長官　大連立はあり得る。総理の判断を仰いで調整する。敵基地攻撃については憲法問題を生起させるので、既存の法解釈で可能かどうか詰める必要がある。安保局で至急検討、整理されたい。

海幕長　自衛隊の現有能力での敵基地攻撃には限界がある。現状は、日中の兵器の射程に大きな差がある。対艦ミサイルの長射程化や空自のスタンドオフミサイル（敵の対空

ミサイルの射程外から攻撃できる射程の長いミサイル）の取得も予算の問題で進んでいない。中国の沿岸部を射程に入れるには、相当接近した戦力運用が必要であり、敵の防空ミサイル・対艦ミサイルのレンジに入らなければならない。

統幕長　中国海軍基地に対する攻撃については、自衛隊が直接攻撃するのか、他の手段・機能で協同するのか、調整の余地はあると思料する。台湾の北部地域の海空優勢を日米で奪回するという提案には明確な回答が無い。尖閣・与那国奪還作戦には海空優勢が必要であり、引き続き米軍の参加を要求したい。また、自衛隊に不足する情報の提供継続も必要であり、ACMで調整する。

官房長官　我が国のサイバー攻撃やSNSを通じた情報戦の能力は無いに等しいので、米国の要求する大掛かりな対中世論工作はできないと米国には回答せざるを得ない。一方、正規のアカウントで中国語のメッセージを発信する等、チャレンジする余地はある。武力攻撃事態において、どこまで正当化されるか検討が必要だが、戦況の実相を正しく伝え広く中国国民に知らせる、また、中国が日本に対して持つ影響力を緩和するという目的の戦略的コミュニケーション（Strategic Communication：SC）には意義がある。安保局で関係省庁・機関に指示するSCの実施計画をまとめて、安保会議で公表したい。

停戦に向けて確保すべき条件

5月1日@中国

中国各地で共産党指導部に対する激しい抗議行動が起きている様子が報道される。アメリカは、情報統制された中国国民に対して、中国軍の損害状況や小太阳（一人っ子、若い紅衛兵の意味も）の戦死場面を拡散した。また中国が仕掛けた本戦争の違法性、敗戦濃厚な戦況等も継続報道。さらに、一部の中国共産党幹部が米国や西側金融機関に密かに蓄財した莫大な財産に関する情報リークを行った。民衆の抗議行動はこの心理戦の効果が表れていると評価しうる。この状況を踏まえ、米国サイバーコマンドは、中国国内の非軍事目標に対して一斉サイバー攻撃を開始。中国国内の電子商取引、オンラインバンキング、電子決済等が停止し、スマホを使った人民元決済もできなくなり、中国国内で大きな社会的混乱の兆候が現れている。

米空軍は爆撃機・戦闘機をグアムに多数展開し逐次戦域に増強、米海軍は長距離打撃力をハワイ以西に移動し、第一列島線の海空優勢をめぐる彼我の優劣が徐々に好転しつつある。また、インド国境付近で紛争が発生し、ガルワン渓谷の実効支配線がインドにより押し戻されているとの報道があった。

5月1日～@東京

日本政府は、米国NSCから本格的な反撃作戦をX-day未明に開始するとの通報を受けた。米からの説明では、PLAの指揮通信システムに対するサイバー攻撃、中国北斗衛星（中国版GPSの測位衛星）等に対する非破壊的攻撃・妨害、中国本土の通常戦力への攻撃（ミサイル、海空基地）を同時に開始する計画である。併せて中国指導部に対し、核戦力への攻撃は実施しないものの、戦略核抑止から局地的・戦術的核使用までの核のエスカレーションは米が支配していること（Escalation Dominance）を通告。日本には、X-dayの作戦開始に呼応し、尖閣・与那国奪回作戦等の所要の作戦遂行を推奨するというものであった。

5月2日（X-1day、米の反撃作戦開始前日）、中国は武力衝突を収拾するための即時停戦を国連安保理に提案した。

5月2日@首相官邸、「南西方面武力攻撃事態」対策本部

外務大臣　絶妙なタイミングで中国から停戦の提案があった。米国がそのまま受け入れるとは考えられないが、反撃作戦のGo or No-Go、それぞれの場合のわが国として要求すべき停戦条件と最終的なEnd-Stateについて決めなければならない。Status quo ante（原状回復）がボトムライン（最低条件）だが、中国軍の尖閣・与那国からの即時撤退、同地域の日本への帰属の受け入れ宣言は要求すべきだ。

防衛大臣　なぜ、このタイミングで中国は停戦を提案したのか。作戦発起日の情報が洩れた可能性、もしくは、考えたくはないが米中が秘密交渉しているのか。いずれにしても、わが国としては停戦前に尖閣・与那国の奪還が必要だ。中国軍を島に残して停戦になると、撤兵が和平の交渉カードに使われてしまう。ここは総理から直接、大統領に作戦決行を進言してもらうべきだ。

外務大臣　米国政権としては、台湾問題の恒久的な解決、中国に対する軍事的優位の定着が最優先となろう。一方で、経済回復のため早期終結を求める国内世論の声は強い。反撃作戦を決行すると更なる被害も予期せざるを得ない。和平交渉には中国の現体制維持が必要だが、国内の抗議行動を見ると共産党指導部のメンツを守らなければならない。

それともこの際、アメリカは一気に体制転換を目指すのか。

防衛大臣　反撃作戦無しに停戦となると、中国軍の損失よりも我が自衛隊の海空戦力の損失の方が遥かに大きく、その状態からの体制立て直しが必要となる。漁夫の利を得るロシアは、勝ち馬に乗ってくるだろう。停戦はこの事態の終結ではあるが、新たな安全保障の始まりでもある。日本単独で奪還作戦を決行することも難しいとすれば、少しでも日本に有利な条件となるよう、米国には同盟国としての英断を懇願するしかないのか……。

第二部　座談会——台湾有事の備えに、必要なものはなにか

第1章　台湾の価値を正しく認識せよ

岩田　皆様、8月の台湾有事シミュレーションの運営、お疲れ様でした。今日はシミュレーションを踏まえた上で、そこであぶり出された問題点を検討していきたいと思っています。

最初に、シミュレーションを実施してお感じになったことを伺ってから、具体的な問題に入っていきます。まず、ホワイトセルでシミュレーション全体のリーダー役兼外交・安保関係を担当された兼原さんからお願いします。

兼原　台湾有事のシミュレーションをパブリックな形でやったことには大きな意味があったと思います。ですが、具体的な状況を思い描くと、やはりいくつか気になることが出てきました。

内閣法制局の呪縛

兼原　一つが、「内閣法制局の呪縛」です。少し前まで、内閣法制局が「憲法違反の疑いがあります」などという曖昧な一言で軍令事項（軍事作戦）の詳細に口を出しても、それが当たり前だとみんな考えていた。これは、健全な政軍関係から見て異常なことです。法律論過剰です。今回も国家緊急事態に「これは何事態なのか？」なんて議論を延々としていました。

こんなこと、本番ではあり得ないですよ。有事になったら、敵は怒濤の勢いですし、開戦当初は情報もない。奇襲かもしれない。クラウゼビッツが言うように、戦場には情報過疎という霧が出ます。そういう状況で直ちに最高司令官である総理の判断が必要になる。役人が法律論を議論している間も、自衛隊は命をかけて動いています。2013年にＮＳＣ（国家安全保障会議）ができて、そういうのはやめさせたつもりなんですけれども、まだそういうモードで延々と法律論が展開され、総理の決断がずいぶんと遅れたのは、ちょっと耐えられなかった。

兼原信克（かねはら・のぶかつ）
1959年生まれ。同志社大学特別客員教授。東京大学法学部を卒業後、81年に外務省に入省。フランス国立行政学院（ENA）で研修の後、ブリュッセル、ニューヨーク、ワシントン、ソウルなどで在外勤務。2012年、外務省国際法局長から内閣官房副長官補（外政担当）に転じる。2014年から新設の国家安全保障局次長も兼務。2019年に退官。著書・共著に『歴史の教訓――「失敗の本質」と国家戦略』『日本の対中大戦略』『核兵器について、本音で話そう』などがある。

戦場には完全に正確な情報なんてありませんし、事態は刻々と変化する。目の前で自衛官や国民が大勢死んでいく。護衛艦が沈み、戦闘機が落とされる。街が焼かれる。敵の情報が十分にないことを前提に、最低限の情報で自軍の動きを決めて、軍の動きが決まったら、それに合わせて必要な政府の兵站・後方関連業務を決定し、それにふさわしい事態を定義する。その順番です。情報が出揃うのを待って延々と細かな法律論議を繰り返し、精緻に事態を定義してから軍の動きを決めるなんてバカなことをやっちゃいけない。私には、これが一番のショックでした。

また、みんなどこかで「最後はアメリカにお任せ」と思っちゃっているところがある。でも、有事になったらアメリカは台湾防衛作戦に全力を注ぐでしょう。そこには自ずと、日米の間で役割分担が生じる。なのに、「アメリカさん、尖閣をお願いします」「サイバー攻撃をお願いします」なんて言葉が無邪気に飛び交っていた。実際には話は逆で、むしろ「台湾に来られるなら来て一緒に戦え」と、日本の方がアメリカに頼み込まれる可能性が高い。ちょっとアメリカに甘えすぎじゃないか、というのが二つ目の印象でした。

岩田　ありがとうございました。では、ホワイトセルでアメリカ役を担った尾上さん、お願いします。

尾上　ありがとうございます。アメリカは今、世論が大きく分断していて、台湾有事に本当に軍事力を使っていいのか、中国と真正面からぶつかるのは国益にかなわないんじゃないか、という意見もあります。今回のシナリオでは、いま兼原さんがおっしゃったように、「一緒に中国海軍基地を叩こうじゃないか」と、積極的なアメリカのほうを演じましたが、実際はそういう判断が簡単に行われるとはとても思えません。だから、日本がどうやってアメリカを台湾防衛に引きずりこんでいくかが大事になってきます。

台湾有事は日本有事だという認識はだいぶでき上がっていると思いますので、それを一般の皆さんにご理解をいただいて、しかも日米同盟が基軸になってオペレーションするというのは間違いないわけですから、そこを徹底的に詰めておく必要があるなという印象を強く持ちました。

尾上定正（おうえ・さだまさ）
1959年生まれ。元空将。防衛大学校（管理学）を卒業後、82年に航空自衛隊入隊。ハーバード大学ケネディ行政大学院修士。米国国防総合大学・国家戦略修士。統合幕僚監部防衛計画部長、航空自衛隊幹部学校長、北部航空方面隊司令官、航空自衛隊補給本部長などを歴任し、2017年に退官。現在、API（アジア・パシフィック・イニシアティブ）シニアフェロー。

やや一般論になりますが、日本、アメリカ、台湾、中国、それぞれ国内事情を抱えています。だから外交は内政の延長だという認識がますます必要になっていると思いますし、逆に言うと、普段から内政に関するお互いの制約事項だとか、事態が起きた時の行動の手順などを理解しあっておかないと、事態が起きてからでは対応が間に合わない。有事に関しては「段取りがすべて」です。

私がシミュレーションをやって得た結論は二つ。一つは、常に自国の事情、それから関係する重要な国の事情をしっかりと把握して、常に相互確認をしながら検証をしておくことが大事である、ということ。習近平も国内事情を抱えていますから、そういったところを理解して、彼の戦略的な判断が冒険主義に傾かないようにしていくことが必要だということです。もう一つは、普段からの体制構築や能力強化が、事態への最も重要かつ効果的な対応策だということです。日本はこの二つを柱に、国の危機管理ガバナンスを立て直していく必要があるなと思いました。

武居　私は今回、シナリオのデザインを担当しました。海上自衛隊はおそらく、日本で一番シミュレーションを実施してきた組織ですけど、私自身、今まで演じたことはあっても演じさせる側、それも自らシリリオを描いたことはなかったので、シミュレーションが始まるまでは不安でした。どうなるかと思いましたが、皆さん最初からそれぞれの役になりきって真剣に演じてくれました。

それでも議論が紛糾して、結論が出ないまま時間切れになったシナリオがいくつかあった。今回のシナリオには、特に政治のリーダーシップにプレッシャーがかかるような内容、場面をいくつか入れておきましたが、実際の場面ではさらにプレッシャーがかか

武居智久（たけい・ともひさ）
1957年生まれ。元海将、海上幕僚長。防衛大学校（電気工学）を卒業後、79年に海上自衛隊入隊。筑波大学大学院地域研究研究科修了（地域研究学修士）、米国海軍大学指揮課程卒。海上幕僚監部防衛部長、大湊地方総監、海上幕僚副長、横須賀地方総監を経て、2014年に第32代海上幕僚長に就任。2016年に退官。2017年、米国海軍大学教授兼米国海軍作戦部長特別インターナショナルフェロー。現在、三波工業株式会社特別顧問。

るでしょう。ですから、そのような中で意志決定をするためには、政治家は安全保障に関する危機管理に慣れておかなければいけない。国会議員は、自衛隊とあまり関係がない人が大半ですが、それでも防衛大臣などのポストに就任した瞬間から、自衛隊の運用に責任を持ってもらわなければいけない。事態が発生した時に、「いや、私は就任したばかりだから」なんてとても言えないわけですが、現実にはそうした事態が起こりうる。

有事になったら、閣僚は会議の場で必ず後ろを振り向くでしょう。つまり、兼原さんのいらしたＮＳＳ（国家安全保障局）の官僚に確認を求める。官僚は、自信を持って大丈夫ですとか、だめですと答えられなければいけない。だから、閣僚なりＮＳＳの主要な幹部が交代したタイミングで、シミュレーションは必ずやっておくべきだなと思いました。

岩田　今回、机上演習全体の統制を担当しましたが、私が感じたのは三つです。シナリオの先をずっと突き詰めていく中で、日本が本当にしっかりと対応しないと、戦わずして尖閣、与那国島を占拠されてしまう可能性があり、そして最悪の場合、与那国・石垣・宮古島の島民はおろか、台湾や中国大陸の在留邦人を救うこともできないという厳しい現実に直面する可能性があること。

岩田清文（いわた・きよふみ）
1957年生まれ。元陸将、陸上幕僚長。防衛大学校（電気工学）を卒業後、79年に陸上自衛隊に入隊。戦車部隊勤務などを経て、米陸軍指揮幕僚大学（カンザス州）にて学ぶ。第71戦車連隊長、陸上幕僚監部人事部長、第7師団長、統合幕僚副長、北部方面総監などを経て2013年に第34代陸上幕僚長に就任。2016年に退官。著書に『中国、日本侵攻のリアル』（飛鳥新社）がある。

二つ目は、日本独自では何も抑止できないという、日本の力の弱さです。これはシナリオ④のところでも出てきましたが、全てアメリカに頼り切っていると米中が日本の頭越しに紛争に決着を付けてしまい、尖閣と与那国を取られた状態で国境線が引かれて終わる、という事態が起こりうる。したがって、アメリカに頼らなくとも少しでも日本独自で抑止力を向上させる戦略の大転換が重要であるという点。その上で、アメリカにとっての日本の価値を高めて、米国が日本から離れられない、引き下がれないほどの日米関係にさせる努力が必要という点です。

三つ目ですが、これは武居さんの意見と同じですけれど、ギリギリの国益をかけた戦略的な判断のできる政治家の存在が日本の危機を救うということです。制度としてそのような政治家が輩出する体制や、トレーニングを積む枠組みを構築する必要があります。国会議員を選ぶということは、こういう国の命運を左右するシビアな判断をする人を選ぶんだという認識を、国民にも持ってもらうことが重要と思います。

民主主義国家の価値、地政学的価値

岩田　次に、台湾の価値をどう見るかについて。ここは尾上さんから。

尾上　2020年7月に亡くなった李登輝元総統が『台湾の主張』という本を書かれていますが、彼はそのなかで、「中国文化の新中原としての台湾を目指す」と主張しています。これは、私は習近平主席の言う「中華民族の偉大なる復興」の対極にある概念だと思います。要するに、経済発展を理由に一党独裁体制を正当化するのではなくて、経済発展も目指しながら、なおかつ自由で開かれた民主社会も目指す、という考え方です。今の台湾というのは、まさに李登輝さんが目指された新中原として経済的にも発展し、民主社会としても成熟してきた。

これから中国と長い競争を続けていくに当たって、我々が一番大事にしなければいけないのは、こういう価値観の部分です。独裁国家の脅威に直面しながら民主的体制を維持し続けている台湾の今の姿は、我々が大事にしている価値観を体現した社会のモデルとして、重要な意味合いを持っている。

これからの中国との競争ではナラティブの競争、つまり話語権という認知領域の競争が重要になってきますが、台湾の存在自体が西側社会のソフトパワーになっていると思います。

武居　尾上さんが価値観の話をしたので、私は台湾の安全保障上の価値について述べてみます。それは、四つあると思っています。

第一に地理的な位置。台湾は中国にとって太平洋の出口であるバシー海峡をコントロールできる位置にある。台湾を押さえてバシー海峡をコントロールすれば、海南島の基地からSSBN（戦略ミサイル原子力潜水艦）、SSN（攻撃型原子力潜水艦）が障害なく太平洋へ出撃できるようになります。中国のSSBNが太平洋でパトロールするようになると、間違いなく太平洋における戦略バランス、世界の戦略核バランスが変わる。

台湾の沖には、欧州及び湾岸地域、或いは、豪州から日本に至る重要な海上交通路が2本通っています。台湾を押さえれば、この2本の海上交通路にもそのまま影響を及ぼすことができる。そういう地理的な価値が台湾にはあります。

第二は、台湾の地図を見ていただくと分かりますが、一番高い玉山（新高山）は3952メートルもあり、これを最高峰とする脊梁山脈が塀のように太平洋に向かってそびえている。仮にここを中国が手に入れて、脊梁山脈の上にレーダーでも作れば、太平洋方面から襲来する敵航空兵力を警戒監視することができるようになります。

第三は、台湾海峡の価値です。シミュレーションの時も話題になりましたが、日本関係船舶は推定で年間2500隻以上がここを通行しています。最も狭いところは約130km で、中央部には約85km、46海里の国際水域がありますから、外国船舶はここを何ら中国に構うことなく通行できます。それでもアメリカ、フランス、イギリスなどの海軍がここを通行するたびに、中国政府は挑発行為であるとか、海峡の安全を損なうなどと言って非難している。仮に中国が台湾を手にしたら、台湾海峡に適用する新たな国内法を作って、中国が台湾海峡を国際法に反してコントロールをする恐れがある。海上交通路が大きく乱れますから、台湾海峡に依存している日本や韓国は、経済上困った事態になりかねない。

4番目が、中国が台湾を編入した場合には、今まで日本と台湾の間で積み上げてきた実務外交の成果、国際取り決めがすべて無効化される、という点です。例えば日台は、尖閣問題を棚上げにして漁業協定を結んでいますが、こういう国際取り決めは反故《ほご》にされるでしょう。沖ノ鳥島も危ない。中国が台湾を取れば、人民解放軍の船が中国本土より距離的に近い基隆から尖閣諸島に出て行くことになりますから、状況はものすごく危なくなる。このように、台湾は安全保障上の価値が非常に高いのです。

兼原　尾上さんの言われた価値観の話はそのとおりだと思うんですね。李登輝総統の時代に生まれた子たちがもう20歳を超えている。彼らは根っからの民主主義者です。台湾の人に「何人ですか?」と聞くと、10年前は「台湾人兼中国人」と言っていましたが、今では9割以上が「私は台湾人です」と言い切ります。馬英九総統（国民党）が中国の経済力に目がくらんで大陸寄りになった時、反発した台湾の学生が国会になだれ込んで「ひまわり革命」を起こした。アイデンティティが完全に変わっている。自由意思による台湾人の自由への選択を見殺しにしたら、それは西側が標榜する自由主義の自殺になってしまう。

中国は、台湾の自立したアイデンティティが怖いのだと思います。中国には、蒙古、チベット、ウイグルその他もろもろ入れて、1億人の少数民族がいる。台湾のアイデンティティを認めてしまったら、少数民族に対する共産党のグリップが崩壊してしまう。中国がバラバラになるという恐怖感がある。中国は、少数民族を包摂する「共産主義的中国人」という国民的アイデンティティの創出に失敗しています。多民族の共産国家は、みんなそうです。「ソ連人」も、「ユーゴ人」も生まれなかった。最後はみんなバラバラです。だから中国共産党は絶対に台湾人の自立を許さない。力を行使する可能性がある、ということだと思います。

軍事面は武居元海幕長がおっしゃったとおりで、私は、中国の手に落ちた台湾は太平洋に向かって突き出した「中国の真田丸」になるんじゃないかと思います。本土から突き出した出城としてガチガチに固めて要塞とし、太平洋や東シナ海、南シナ海を完全に威圧する。南シナ海のみならず日本の近海も含めて「中国の海だ」と言い出すでしょう。

台湾は、経済的にも既にG20レベルであり、ASEANの中で台湾より大きい国はインドネシアしかない。台湾には優秀な2300万人の自由な人々が住んでいます。半導体の受託生産で世界最強のTSMCを始め、シリコンアイランドとも言われる半導体産業の集積もある。ここを丸々取られるのは経済的にも大きな影響があります。

最後に付け加えれば、台湾を落としたらアメリカのアジアにおけるリーダーシップは崩壊する。大陸の一都市である香港はともかく台湾まで捨てたとなると、アジアでのアメリカの権威は失墜し、誰もアメリカを信用しなくなる。日米同盟の抑止力もかなり落ちるでしょう。

岩田　戦略的な観点で言えば、台湾を取れば、中国は太平洋に出ていく扇の要に当たる土地を手にすることになります。中国は第一列島線上および第二列島線の内側の海洋に土地を持っていない。中国は2008年に初めて4隻の駆逐艦等を西太平洋に進出させて以降、A2／AD（接近阻止、領域拒否）戦略の具現化を図っていますが、その拠点となる土地がなかった。だから、台湾の占領は、第一列島線に風穴を開け、太平洋をアメリカと折半するため、覇権拡大の一大拠点を手にするという極めて大きな価値があると思っています。

2021年6月15日にアメリカ上院の軍事委員会で、クリスティン・ウォーマス米陸軍長官がこう発言しています。「台湾島をもし取られたら、アメリカがこれまでずっと保持し、同盟国周辺で守ってきた制空権を手放すことになる。そうなると、二度と台湾島をアメリカが取り返すことはできない」と。この20年間、世界各地でアメリカは航空優勢を保持してきたわけですが、台湾周辺でそれを失ってしまう。そうなると、中国軍を二度と排除することはできない。日本の南西諸島は、常に中国軍の短・中距離ミサイルと航空攻撃の脅威に晒され続けることとなり、米軍もこれを抑えることはできないという、戦略態勢上の大転換を迫られる状況になることを認識すべきです。

朝鮮半島から日本に対する脅威は、韓国がバッファーゾーンになっていますが、南西からの脅威は、台湾がバッファーゾーンになっています。その台湾が中国の手に落ちた場合は、110㎞の距離で中国と直接対峙することになる。その意味における台湾の価値を忘れてはならないと思います。

尾上　インド太平洋でのリーダーシップをアメリカが維持するためには、台湾は絶対に失ってはならないところですが、アメリカの中にはそう考えない人もいます。ロバート・ブラックウェルとフィリップ・ゼリコウが21年2月にCFR（外交問題評議会）から出したレポートにも、重要だけど死活的ではない、と記されています。従って、中国大陸に攻撃を仕掛けてはだめだ、経済的な手段で抑止するべきだといったようなことを、戦略として彼らは提言しているわけです。ブラックウェルもゼリコウも外交安全保障の専門家ですが、そういう人たちがこのような主張をしていることを我々としては軽視してはいけないと思います。

中国と戦争になった場合、アメリカは中国と敵対関係になってずっと台湾を守り続けなければならない、それはコスト的にもアメリカにとってプラスではない、と主張する、ダニエル・デービスという退役中佐もいます。そういう声に対して、台湾はアメリカにとっても死活的な国益であり、ここを失えばアメリカのリーダーシップも失われるということを、我々日本の方から発信していく必要があると思います。

ティモシー・キーティング海軍大将が２００７年に中国を訪問した時、中国海軍の高官から、太平洋を二つに割って西は中国が管理するからアメリカには東側を任すと真面目な顔で提案されたという話がありますが、今はもうそれがジョークには聞こえなくなってきている。台湾がもしも中国の手に落ちたら、オセロの角を取られたようなもので、第一列島線、第二列島線、最終的にはハワイまで中国の影響圏が広がるでしょう。だから、台湾にはそれぐらいの戦略的価値があるということを認識する必要があります。

台湾はこの100年ずっと、西側の勢力圏にあった

兼原　台湾有事を考えるには、まず戦後の日米同盟の仕組みを頭に入れておくべきだと思います。実は、台湾が中国の勢力圏に入っていたことは、この100年間で一度も無い。中国が台湾を併合したのは17世紀の中葉以降ですから、中国だって200年しか持っていなかった。しかも清はほとんど台湾の面倒を見ていない。「一つの中国」という原則は中国も台湾も維持していますが、事実上、中国は分断国家で二つの国がある、ということなんです。本当は朝鮮半島やドイツのように「二つの中国」と言ってもよかったはずなんですが、台北も北京もそれを嫌がった。だから中国問題は、分断国家の問題ではなく、一つの国の中の正統政府はいずれかという正統政府承認の問題として整理されてきた。二つの中国をともに国家として承認することはないというのが暗黙の了解になってきた。

でも、「一つの中国」を認めるからといって、我々が中国による台湾併合を容認したことは1回もない。台湾は一貫して西側の勢力圏内です。常に現状維持（status quo）が前

提なんです。話し合って一緒になるなら構わないけど武力で併合するのはだめ、ということです。日米ともにこの立場は一貫しています。

日米安保条約には、「極東の安全」という条項（第六条）がありますが、この「極東」は具体的に言えば台湾と韓国とフィリピンのことです。旧大日本帝国領と旧アメリカ植民地で西側に残った領域はアメリカが安全保障の面倒を見る、そのために日本の基地を使わせてくれ、ということです。日本を歯に例えれば、韓台比は唇の位置にあります。それは日本にとっても好都合でした。これが岸信介首相が安保条約に署名した1960年の時のディールでした。

70年代、日中国交正常化を果たしましたが、日本はやはり「台湾は中国のもの」とは一言も言っていない。日本は、台湾の領土的地位について、日中共同声明で「ポツダム宣言第8項に基づく立場を堅持する」と判じ物のようなことを言っていますが、本当は、サンフランシスコ講和条約の際に、台湾を放棄してしまっているので誰のものとも言えない。そこで妥協の産物として、①日本が受諾したポツダム宣言第8項には「カイロ宣言は履行されるべく」と記されている、②そのカイロ宣言では「日本が清国から取った地域は中華民国に返せ」と記されている、③日本は、チャーチルとルーズベルトが蒋介石に台湾を返すと言ったという事実は承知している、という経緯に関わる文言をつけたのです。それ以上でも以下でもない。

岩田　そうです。国交正常化の際の日中共同声明では「中華人民共和国の立場を十分理解し、尊重し」としか言ってない。

兼原　台湾はずっと西側の勢力圏だった。日中共同声明の日本側の考え方は、中国の正統政府を台湾ではなく北京にすることで構わないが、台湾問題の平和的解決まで現状は維持されなくてはならず、中国が実力行使してこの島を一方的に併合したら、日中間の了解はすべてチャラだ、ということなんです。実務家として共同声明の起草を担当した栗山尚一さん（後に外務事務次官）が、亡くなる前に詳細な解説を残されていますが（「早稲田法学」第74巻4号）、そこを頭に置いておかないといけない。

武居　今、兼原さんがおっしゃるとおりに、日中国交正常化以降を「72年体制」と呼ぶとしたら、この72年体制で我が国は台湾を中国の一部であるとは認めていない。日本政府は、政治的には中国政府の主張を理解するが、法的には台湾の帰属に対してものを言う立場にないと、日中共同声明を解釈しつつ、実務関係を積み上げてきた。それが現在だと思います。

しかし、この「実務」には経済関係しかない。安全保障について政府間で連絡する手段がない。中国との間では海空連絡メカニズムというのがあって、防衛省の資料によると2018年6月に防衛当局者間で運用開始とありますが、この海空連絡メカニズムで台湾のことは扱えないわけです。台湾との間に不測事態が起きても、中国経由では連絡も調整もできない。つまり中国と台湾というのは別の国家主体として危機管理をしていかなければいけないのが現在の状態です。中国はそれを分かっていながら、日本と台湾のことを分断するために、「中国を介して行え」と原則論で押してきて、日本は防戦一方というのが現状です。

したがって、もう一回この72年体制のところに戻って、台湾と中国の関係を日本はどう考えてきたのかという原則を見直してみる。そうすると、次の中国政策、台湾政策が決まってくるんじゃないかなと思いました。

尾上　いま兼原さんに解説していただいて、また武居さんからも教えていただいて、私自身が持っていた、一国二制度に対する遠慮に気付きました。台湾に関して日本が関与しようとすると、必ず北京の顔色をうかがってしまう。中国を刺激しないことを意識するあまり、本来であれば正しいアプローチであったものすら、だんだん後退していってしまった。

最近アメリカの高官だとか、欧州の議員団が台湾に行って、蔡英文総統に面会したりしていますが、これは普通の関係であり、国際社会の中の台湾という存在としっかり関係を結んでいくということが必要だと思います。当然、北京は反発するのでしょうが。

岩田　アメリカは意図的な曖昧戦略ですけれど、日本は無意識の曖昧戦略になっている。戦略というより、放置・無関心といった方がいいですね。前回の対談（『自衛隊最高幹部が語る令和の国防』新潮新書）の際も栗山元次官の遺言とも言える指摘を紹介しましたが、兼原さんも武居さんもおっしゃっているとおり、日中共同声明の真の趣旨を改めて政治として再確認すべき時期にあると思います。

第2章　国家戦略上の弱点

武居　今回のシミュレーションでは、サイバーの問題を意識的にシナリオの中に組み込んでいきました。サイバーセキュリティの専門家にも入ってもらって、より現実的なシナリオデザインを心がけました。プレイヤーに事前に配布した背景想定の中にも、機能妨害型、身代金要求型、情報操作型などの用語を入れておきましたが、サイバー問題に携わったことのあるごく一部の人を除いて、おそらく頭の中を素通りしたと思います。サイバー攻撃は目に見えないので、弾道ミサイル防衛ほどには危機感を持って意識されない。これが最大の弱点だと思います。

しかし中国、ロシア、北朝鮮によるサイバー攻撃は日常的に行われています。報道によれば、東京オリンピックとパラリンピックの期間中に、大会運営に関わるネットワークシステムなどに合わせて4億5000万回のサイバー攻撃が加えられました。膨大な数ですが、これ自体がさらっと報道されただけで、大きな問題にはなっていない。サイバー攻撃は旧共産主義国にとっては重要な情報戦、ハイブリッド戦のツールですが、積極的に防護する策が日本にはありません。シミュレーションの中でも、JREの波崎北太陽光発電所とか、佐世保のダムにサイバー攻撃が加えられて大きな被害が出たという想定を入れました。これを非現実的と思う方もいるかも知れませんが、そうではない。なぜなら機器の一部に中国製のシステムが使われていたり、そのシステムはインターネットプロトコルを使って遠隔で監視制御されたりしている、つまりサイバー攻撃を受ける危険に常にさらされているからです。

アクティブサイバーディフェンスの必要性

兼原　攻める方からすると、サイバー攻撃で敵の重要インフラを落とすのは、爆撃機の大編隊を組んで戦略爆撃するよりもずっと廉価です。サイバー攻撃はいわば、「貧者の核兵器」みたいになってきました。これに対する日本の対応は、これまであまりにもお粗末です。デジタル敗戦と言っていい。デジタル庁はできましたがサイバー要塞のような政府クラウドがいまだにない。みんな自分のパソコンを使ってシステムに入っている状態です。外国のサイバー戦士が見たら、武士がお城を離れてバラバラに野宿しているように見えるでしょうね。個人のパソコンはウイルスの吸引口みたいなもので、一番危ないんですよ。本来なら、政府クラウドを作って官給のパソコンを配給し、ハードディスクをつけない、印刷もできない、データはダウンロードして読んだらすぐに消える、というような仕組みにしないとダメです。それが本来のサイバーセキュリティの世界です。

また、仮に政府クラウドを作り、ファイアウォールを完璧にしたとしても、それを扱う人間は完璧ではない。だから、セキュリティ・クリアランス（適性調査）の仕組みを作って、酒、女、ギャンブル、麻薬など、敵性国家の情報機関につけ込まれる要素がないかを事前に調べ、ヤバそうな人間には機密情報を扱わせないようにしないといけません。

あと二つ、絶対やらなくちゃいけないと思っていることがあります。一つはアクティブサイバーディフェンスです。アメリカのサイバー軍トップに、ナカソネさんという日系の軍人がいます。当時本部のあったＮＳＡにお会いしに行ったらご不在で、ナンバーツーが出てきたんですが、彼が言うには、敵が見えて、そいつが頭のいいやつであるという前提があって初めて抑止ができる、と言うんですよね。サイバー攻撃してくる相手が、どこのだれか分からない、賢いのかバカなのか分からない、大人なのか子どもなのかさえ分からないままなら、抑止なんてできるはずがない、と。抑止は一定の透明性が確保された合理的計算の上に成り立つものですから、ごもっともです。だからサイバー攻撃の場合には、敵が来た瞬間にバンと殴り返す、或いはできるだけ早く殴り返して次の攻撃を防ぐ、これしかないと言っていました。殴り返さないとやられっぱなしになるから、アクティブディフェンス（攻勢防御）をやるんだと。攻撃相手のアトリビューション（発信元）を明確にして、敵が分かったら必ずやり返すということを続けていかないといけないのです。しかし、日本にはこの仕組みがないんですよ。サイバー空間には国境なんてありません。時間の感覚さえない。漆黒の世界で可視化もできない。アクティブディフェンスを法的に是認するべきです。

これをやろうとしたら、能力があるのはおそらく自衛隊だけです。でも自衛隊は今、法制度上、自衛隊しか守ってはいけない仕組みになっている。アメリカはペンタゴン（国防総省）が政府クラウドの全体を守っています。アクティブディフェンスをやることと、自衛隊に全政府クラウドを守ってもらうこと。この二つをやらなかったら、日本はやられてしまいます。自衛隊が戦う前に日本は既に死んでいるということにさえなりかねない。

ついでに言えば、サイバー攻撃は平時から対応を考えておく必要がある。敵は平時から侵入してくるわけです。シミュレーションにもありましたが、ロジカル・ボムを仕掛けて、時を待って起動させて敵の中枢システムを破壊する。日本は平時からサイバー攻撃に対してガードを固める仕組みがない。何か強い防御の仕組みを考えていかないと、このままではやられっぱなしで終わってしまう。民間の重要インフラについては、今、ようやく5Gのような重要インフラはゼロリスク管理が必要であり、情報処理システムの新規導入には政府による事前規制が必要だという問題意識がNSCの中で共有され、検討されているところです。この話と内閣サイバーセキュリティセンター（NISC）が担当する民間のサイバーセキュリティ強化の話は表裏一体であり、連動しないといけません。

もう一つはプロパガンダ戦です。敵は平時からフェイクニュースをばらまきまくるわけですが、向こうはファイアウォールを固めているので、こちらから敵国の情報空間の中には入れない。敵国の国民に客観的な真実を伝えるためのプロパガンダ戦をやる、という意味の「サイバーウォーフェア」も考える必要がある。

尾上　サイバーは本当に問題だらけですが、今回のシミュレーションをやった時に気付いたのは結局、在日米軍、横田や横須賀にしても日本のインフラを使っているということです。つまり、日本のインフラをサイバー攻撃されたら、在日米軍も行動できなくなるかも知れない。有事のオペレーションに大きな影響が出るな、ということに気付きました。

実際に軍事衝突が起きた時のサイバー攻撃は、軍事的な指揮統制や通信ネットワークに対する攻撃ももちろん出てくると思いますが、相手方の軍事的能力を低下させるうえで一番効果的なところが狙われるはずなので、民間のものであっても当然狙ってくる。その意味で、重要インフラというのは一番確度の高いターゲットじゃないかと思います。

したがって、普段のサイバーセキュリティという次元から、もう一つ上のレベルでのサイバーディフェンスを国として考えなきゃいけない。そのためには憲法21条の通信の秘密に遡る様々な法律体系を改正していかなきゃいけないので、これは非常に大きなタスクになると思います。

サイバー攻撃のもう一つの側面は、インフォメーション・オペレーション。情報操作、誘導工作、フェイクニュースを使って人心を惑わす、判断を誤らせる、政治的に躊躇させる等々。そういったこともサイバー攻撃の一手段じゃないかなと思います。

先ほど言ったEUの議会代表団との会談の中で、蔡総統は、偽情報を排除するための民主的な同盟を構築したいと述べたとの報道がありました。台湾は日常的に中国からの偽情報に晒され、誘導工作も受けているので、それを排除する西側諸国との協力関係というものをしっかり作っていきたいと。これは日本にとってもすごくメリットのある話だと思います。

岩田　戦術原則的にも、攻撃は最大の防御です。兼原さんご指摘のとおり、本当にサイバー防衛をやるというなら、アクティブサイバーディフェンスは極めて重要であり、これがない今の日本の状態は片手落ちです。その重要性は認識されても、法的な課題としてなかなかクリアできてこなかったというのが現状だと思いますが、それでも前進はしていると認識しています。2016年の伊勢志摩サミットの時にG7が成果文書を出していて、一定の場合にはサイバー攻撃が武力攻撃となり得、自衛権行使の対象になるということで了解がなされています。その上で、2019年4月19日の日米安全保障協議委員会、いわゆる2プラス2の中で、サイバー攻撃が日米安保条約第5条にいう武力攻撃に当たり得ることを確認している。ここまで認識があるなら、その認識を実行に移すべきと思うのですが、未だに自衛隊のサイバー部隊を増強しているだけでは、進歩が足りないと言わざるを得ません。

我が国においてサイバー攻撃力保有に関する進展が見られないのは、兼原さんも指摘された、憲法第21条第2項「検閲は、これをしてはならない。通信の秘密は、これを侵してはならない」との関係性に起因している側面が大きいと思います。サイバー攻撃対象となる情報源へのアクセスは公共の福祉に繋がるため、憲法の「通信の自由」に抵触しないとの議論を始めることが必要でしょう。同時に、政府機関、自治体、そして企業体の個々によるサイバー防護の現状も極めて脆弱であり、国全体としての総合的なサイバー防護体制の構築が必要と思います。例えば、現在のNISCを増強発展させ、内閣官房内に、関係省庁の機能を束ね、かつ民間機関との連携も図りつつ、サイバー攻撃対処から再発防止に至る政策措置までの総合的調整を担うサイバーセキュリティの司令塔を組織化することが必要と思います。

アメリカの「戦略的曖昧さ」をどう評価するか

岩田　次に対中、対台湾政策の問題点を。まず兼原さんから。

兼原　アメリカの曖昧政策（戦略的曖昧さ）がこのままでいいのか、という根本の問題があります。アメリカの曖昧政策の下でアメリカは台湾に核の傘を提供していない。軍事的に台湾有事への対応を真剣に突き詰めて考えている感じもしない。それでいて「外交的に何とかします」と言われても、国民に責任を持つ立場の日本の政治家なら、「信用できません」というのが普通だと思います。アメリカは強くて遠い。しかも走りながら考える国民性です。余裕があるから最初は、案外、ぼーっとしていることが多い。しかも核兵器を持っているから米中全面戦争は起こりえない。しかし、日本は違います。万が一、台湾有事が始まれば、米国のアジア最大の出城である日本は、台湾と同様に蹂躙される危険がある。だから日本は台湾有事を起こさせてはならないのです。この点については、後で軍事オプションを検討する時にまた申し上げたい。

武居　72年体制の成立以降、日本政府は台湾の問題に正面から向き合うのを避けてきたところがありました。言い換えると、ことを荒立てないように努めていたということです。1995〜96年の第3次台湾海峡危機の時、アメリカ海軍は2隻の空母を派遣しましたが、そのうちの1隻は横須賀から出港しています。空母が横須賀から出港して台湾で実際の作戦に当たるとなれば事前協議の対象になるんですが、日本政府は当時、それは訓練の一環であって軍事活動ではないという解釈をしています。これを台湾大学の楊永明教授は、当時の日本政府は米国の台湾海峡危機における行為を実質的には支持したが、国内の法律的制約と日中関係の制約があり、直接の政策提示や米国の軍事行動への参与という決定はできなかった、と評しています。

しかし今の日本には有事法制があり、平和安全法制がある。いま96年と同じようなことが起こった時、日本はもう曖昧な態度を取ることはできないでしょう。

これに関連して、なぜ日本は中国の脅威に気付かなくなったかという一つの傍証ですが、今お手元に配っている Conventional Strike Capabilities（注：次頁の図では「中国の通常攻撃力」と表記）という図をご覧下さい。アメリカは2000年の国防授権法で、毎年中国の軍事力の状況を議会に報告することが義務付けられていますが、この報告書には05年から中国の弾道ミサイル到達距離の図が付けられるようになりました。お手元に配った

中国の通常攻撃力

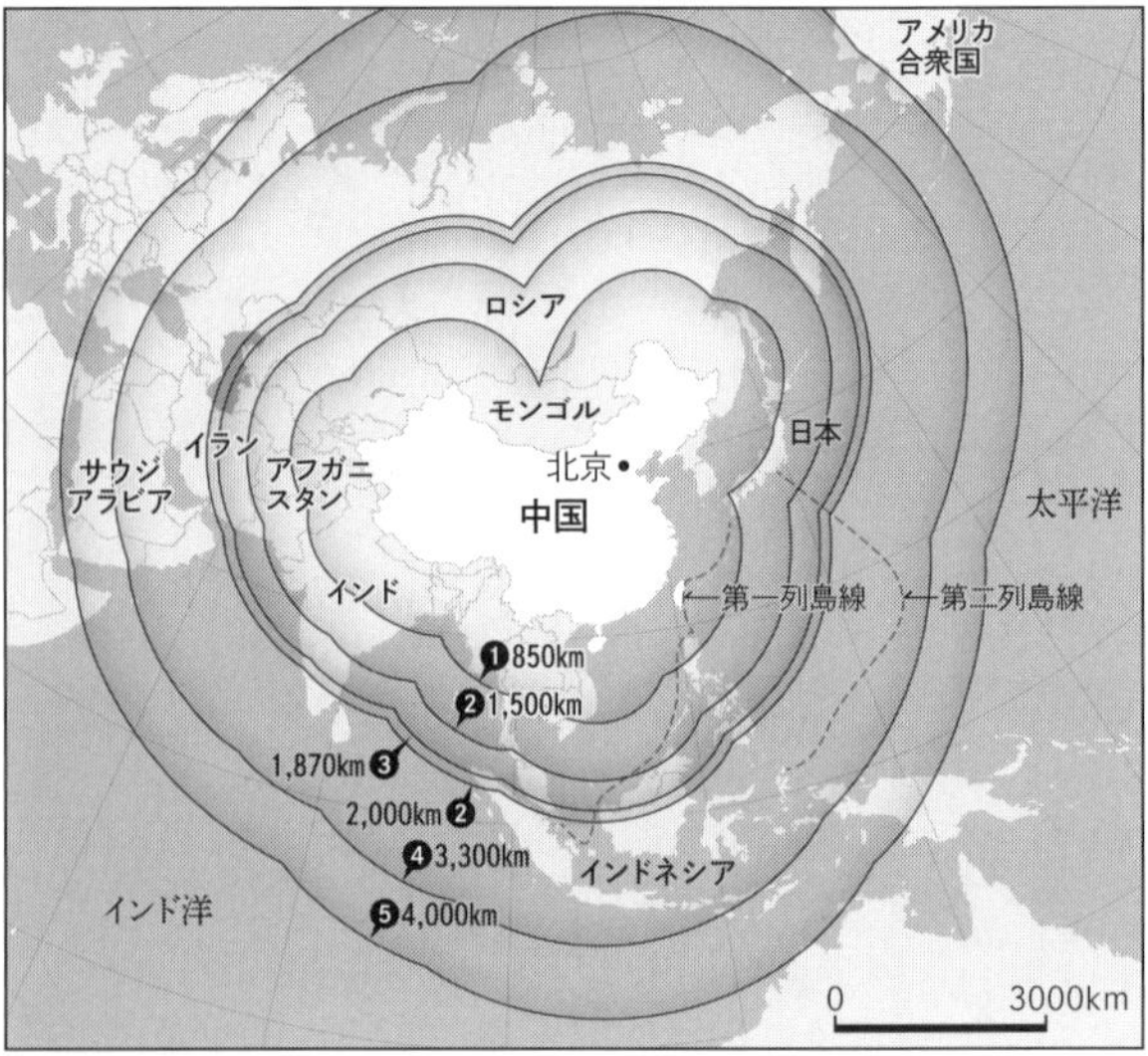

最大射程

❶ **短距離弾道ミサイル**（CSS-6、CSS-7、CSS-11等）

❷ **地上攻撃用ミサイル**（CSS-5、DF-17、CJ-10対地巡航ミサイル等）

❸ **対艦ミサイル**（CSS-5対艦弾道ミサイル、対艦巡航ミサイル搭載のJH-7戦闘爆撃機及びH-6爆撃機等）

❹ **対地巡航ミサイル搭載のH-6爆撃機**

❺ **DF-26中距離弾道ミサイル**

中国のミサイル能力の進化

区分	2016年		2021年		推定射程
	発射装置	ミサイル数	発射装置	ミサイル数	
大陸間弾道ミサイル	50-75	75-100	100	150	5,500km以上
中距離弾道ミサイル			200	300	3,000-5,500km
準中距離弾道ミサイル	100-125	200-300	250	600	1,000-3,000km
短距離弾道ミサイル	250-300	1,000-1,200	250	1,000	300-1,000km
地上発射巡航ミサイル	40-55	200-300	100	300	1,500km以上

のがその最新のものです。

　よく見てみると、日本本土の日本海沿岸部と九州一円、南西諸島の全部が、中国の短距離弾道ミサイルの射程850㎞に入っている。これは約1000発あります。射程1500㎞から2000㎞の準中距離弾道ミサイルは約600発で、これは日本全域が入ってしまう。合計で、1600発の弾道ミサイルが我が国を攻撃できるということになる。しかも、台湾有事にアメリカが台湾防衛に来援すれば約3000㎞の射程を持つ対艦弾道ミサイルが海軍部隊に向かって撃たれるという仮定に立つと、米中が軍事的交戦に至った時、我が国の領土、領海、領空すべてが、あらゆるミサイルの飛び交う交戦地域になる。

　2005年に初めてこの図が出た時には、国内で大いに注目されて問題になったのですが、今これを見ても話題にもならない。しかし、中国の中距離弾道ミサイルと発射機は5年間で300発、125機から、600発、250機に倍増し脅威は増している。人間の体は長く痛みを加え続けられると、だんだん脳が痛みを感じなくなりますが、これと一緒で、おそらく日本人はこの図を長く見慣れてしまったがためにあまり意識しなくなって、中国のミサイル脅威に対する感度が低下してしまっているのではないかと思っています。米国の戦略的曖昧政策に関係するかどうか分かりませんが、策源地攻撃能力などの議論が今一歩進まないのには、こういう事情もあるんじゃないかなと私は考えています。

尾上　ストラテジック・アンビギュイティ（戦略的曖昧さ）のポリシーを変えるべきだという議論は、リチャード・ハースをはじめアメリカの専門家の間でもありますが、アメリカは戦略的な計算に基づいて、意図的に曖昧な態度をずっと貫いてきている。それが習近平の戦略計算にプラスに働くのか働かないのかというところの判断で、色々な議論があります。

軍事的な侵攻は絶対に許さない、その場合はアメリカが介入する、という方針を明確にしつつ、台湾に対しては、「独立宣言はするな。それは今までの枠組みを壊すから」

というアメリカの考えを政策として宣言することが私はいいと思いますが、先ほど述べたように、台湾を死活的な国益と考えるかどうかにも色々な意見があり、それによって曖昧政策が良いのか、明言政策が良いのかについて考え方が違ってくるのでしょう。ただし、バイデン大統領が度々、アメリカは台湾を同盟国と同様に防衛するという趣旨の発言をし、ホワイトハウスや国務省がすぐに曖昧政策に変更はないとその発言を否定しています。このような米国指導部の曖昧で不統一な態度は良くない。

武居さんがおっしゃられたように、アメリカが戦略的明確政策に切り替えた場合、日本もそれにつられて戦略的に明確性を出す必要が生じるのではないか。日本の場合は、意図的にというよりずるずると曖昧政策を続けてきているのが実態だと思いますので、アメリカが仮に明確なポリシーに切り替えた場合に、日本としてどのように判断すべきかはしっかり考えておく必要があります。

岩田　尾上さんがおっしゃるように、戦略的曖昧性に関しても、日本は傍観者的に見ているだけで、何も考えていないのが現状だと思います。米国がどういう政策に出ようとも、日本としてどういう政策を取るべきなのかを議論しておくべきです。

在中邦人と中国進出企業は「救えない」

岩田　次に経済安全保障に入ります。特に中国進出企業には厳しい事態になると思いますが、必要な覚悟も含めて。これは兼原さんから。

兼原　経済安全保障にはいくつか柱があります。まず一つが、安全保障の観点から中国に機微技術を出すなという話。確実に締まってきているのは半導体です。アメリカの技術で作った半導体、つまりアメリカの半導体製造機械で作った最先端の半導体を中国に出すなという話は始まっています。他にも、人民解放軍につながりのある留学生の受け入れをやめろとか、ニューヨーク市場でのドルでの資金調達をやめさせろとか、いくつか締まってきているところもあります。それ以外は自由貿易です。8割、9割の貿易は締まらない。普通に誰でも作れるものは中国に行って作っていいよという話になるし、フォードやゴールドマン・サックスの様に、中国で儲かっているアメリカの会社もいっぱいある。

二つ目が、経済をテコにした強圧外交です。具体的には、中国は時々、相互依存を逆手に取ることをやります。2010年の中国漁船衝突事件の時のようにレアアースを日本に売らないとか、気に入らないことがあると台湾のパイナップル輸入、フィリピンからのバナナ輸入、オーストラリアのワイン輸入を止めたりする。中国に依存している個別の商品を狙い撃ちするのです。Economic Statecraft と言われているものですが、これは要注意です。

三つ目が台湾有事の想定です。怖いのは、アメリカによる金融制裁と資産凍結です。金融制裁は2種類あって、香港のキャリー・ラム行政長官に対する制裁のように個人制裁なら大したことはないですが、怖れるべきは「イラン型」です。アメリカは「イランの石油を買った石油企業のメインバンクにはドル決済させない」と言って恫喝できます。アメリカだけが持っているドルの力です。そのせいで日本の石油会社はイラン石油の購入ができなくなった。メインバンクが石油会社に「イラン石油はやめろ」と言っているはずです。それで、イランから一滴も石油が入らなくなった。もし、台湾有事の前夜に、米財務省が「ファーウェイと商売するな」と言ったら、ファーウェイとの取引はバシャッと締まるでしょう。こういう全面金融制裁をやるとアメリカも相当返り血を浴びると思いますが、戦争になって兵隊が死ぬよりはましだという判断になるのだと思います。

台湾有事に中国本土に残っている日本人は「敵性国民」になります。集めて隔離して情報遮断することもあり得ると思うので、国外に出るのなら早めに出ないといけない。この辺、日本の経済界にはもう少し危機意識が必要でしょう。逆の問題もあって、日本にも中国人はたくさんいる。そのうち何割かは中国共産党や公安、人民解放軍と繫がっているので、この人たちをどうするかも考えないといけない。日本は自由の国なのでできることは限られていますが。

尾上 岸田政権でも経済安全保障担当大臣が置かれて、日本の経済安全保障上のレジリエンス（復元力）を高めていくという方向性が明確に出てきました。ただ、経済安全保障というのは、政府がやるぞと決めて法律を作っても、民間企業が実際に舵を切ってくれないと絵に描いた餅に終わってしまう。そういった意味で、本当に台湾有事になった場合には、いま兼原さんから説明していただいたような金融制裁や資産凍結、中国にいる自社社員の隔離、情報遮断といった事態が起きるということを平素から認識しておいてもらう必要がある。

Economic Statecraft ですが、中国は輸入禁止とか関税措置とかの経済的な手段を安全保障の目的で使っているわけです。自由主義を標榜する日本は中国のような露骨なやり方は取れませんが、我々としても、もう少し中国の行動を抑制するような経済的手段は考えておくべきだと思います。サプライチェーンを見直すとか、資源の調達先を複数化するとか、中国依存度を下げていく方向性も考えた上で、中国の脆弱な部分に対するレバレッジを持つことが必要です。

武居　今回のシミュレーションでは、元経産審議官の片瀬裕文さんが来てくださり、経済界の懸念を伝えるとともに経済界の期待を述べてくれました。

日本の経済界には、中国との関係を平和的に維持することに対する強い要望がある。その一方で、日本の平和と安全が脅かされた場合、経済界も含めたコンセンサスが出来れば政府が束縛なく意思決定ができ、それが抑止力になります。いまは政府として経済界や国民の理解を得るための議論が不足しているので、今回のような政策シミュレーションを継続し、コンセンサスを構築していく努力は必要です。

中国と日本の間は戦略的互恵関係にあると言われますが、これはそもそも２００６年に日中間が冷え込んだ時、最初の外遊先として安倍総理が中国に行き、胡錦濤首席との間で合意したことが発端です。２００８年に胡主席が来日した時、福田総理と共に日中共同声明を出していますが、その中で、戦略的互恵関係とはアジア太平洋地域、および世界の平和安定発展に対して大きな影響力を有するようになった日中両国が、その責任として長期にわたる平和および友好のために協力していくこと、そして平和共存、世代友好、互恵協力、共同発展を実現していくことであると述べています。

安倍さんは、第2次政権になってからも、中国の要人と会う時には必ずこの戦略的互恵関係ということを言っていますが、これは経済だけを目指しているわけじゃない。安全保障面でも、言うべき時には言う。是々非々の関係が戦略的互恵関係です。したがって、仮に我が国の領土や主権、あるいは国民の生命財産が脅かされた時には、堂々と言わなければいけない。

20年12月、自民党の新国際秩序創造戦略本部が経済安全保障に関する提言を出しました。これは非常によくできていると思うんですが、その中では「将来、国際秩序が予見できない事情によって、望ましくない方向に変化することも想定しておく」としています。平時において、中国との経済関係はデカップリングできませんが、重要な国益が侵された時には、中国に進出している日本企業はデカップリングを覚悟しておけよ、と企業に促した戦略文書だと思います。

岩田　中国には約11万人の邦人がいて、進出している企業が約1万3600社ある。今、武居さんも触れましたが、こうした企業の経営者に対して、「いざという時は救えませんよ」と実態をお伝えし、覚悟を持っておいてもらう必要があるでしょう。その上で、残るか去るかは企業経営者に判断してもらわなければならない。

正直に言って、中国での1万3600社、11万人の存在は、日本が中国に弱みを握られていることに等しい。これが政治的圧力となって、弱腰外交につながってしまう。最後の最後は国民を救えないという状況が、今まさに露呈しているわけですから。

一方で、私の遠い親戚にも中国に工場を持っている人がいますが、この話をしたら、「冗談じゃない。他に移れと言ったって、そんな金どこにあるんだ」と怒ってました。ベトナムに行け、タイに行けと言っても、人間関係も含めてなかなか抜けられない。だから、本気で抜けさせるとなったら、例えば中国から拠点をASEAN諸国に移した企業には何か補助的な制度を組むとか、そこまで踏み込まないとできないでしょう。

またもう一つの問題は、約14億人の中国市場をどう見るかにもあります。経済界からすれば、進出企業・邦人の安全もありますが、この市場を捨てる案はないでしょう。従って、平時においてこの市場を最大限活用しながら、情勢が緊迫した段階で、いかに損失を少なくして切り離していくかを、企業にも考えてもらうような枠組みが必要なのではないかと思いますが、その根本には、中国市場は危険だという国民の共通認識が必要だと思います。

経産省は、本当の軍事を知らない

兼原　少し話が逸れるかも知れませんが、ちょっとコメントさせてください。

経産省って、防衛省や外務省と違って、財務省などの他の経済官庁と同様、戦後は経済成長一辺倒で、安全保障から目をそむけてきた役所なんですよね。唯一の例外は東芝機械事件で、それ以来、ココム違反は二度とさせないということで、貿易管理部がすごく強くなった。それはそれでよかったんですけれども、それ以外の部局はまったく軍事の現場を知らないですし、経済安全保障と言いながら、実際にやっていることは産業保護政策の次元からなかなか抜け出せなかった。最近ようやく変わってきました。

本当の経済安全保障とは、半導体であれ原子力であれ、単に自国の大事な産業を保護するだけじゃない。国家が責任を負う安全保障のために最先端の科学技術を発展させるということが一丁目一番地なんです。守りではなく攻めです。民間企業は儲からない研究開発はやらない。しかし、安全保障の為ならば、ウルトラハイリスクでマーケットが絶対やらないような最先端分野に、国家が巨額の投資をしなくてはならない。

量子からバイオからAIを使った先進コンピューティングまで、すべての最先端分野で一番前に出ること、それ自体が安全保障なんです。戦後の日本にはこのような科学技術と安全保障に関する根本哲学がない。政策がない。アメリカがやっているのはそれで、国防総省の研究開発費は10兆円です。だからアメリカは科学界も軍も強いわけです。

この度、世界最先端の半導体ファウンドリーである台湾のTSMCが熊本に工場を作ってくれることになって、皆よく引っ張ってきたなどと言ってますが、日本が出す額はまだまだ小さい。はっきり言って、桁が違います。半導体の分野でも、その先の量子コンピューターの分野でも、世界で一番前に出て、マーケットが取らないリスクを取り、最先端の技術でゲームチェンジャーを生み出す。そうして負けない軍隊を作る。国民と兵隊を殺させないために巨額の予算を科学技術の発展に入れる。根本の政策的発想はそこなんですよ。

また、財務省というところは面白い役所です。財務官僚はみな国士ですから、本当に国が倒れると総理が言ったら、無いはずの予算が出てくるんです。コロナ対策がいい例です。数十兆円が出た。戦争はコロナよりもっとひどい被害が出る。科学の発展にはお金がかかります。惜しむべきではない。

例えば量子やサイバー研究の拠点を横須賀あたりに作って、毎年1兆円くらいの予算を出して、産官学と自衛隊が協働し、世界と日本の最優秀な研究者に自由に研究してもらうことを考えたらいい。イスラエルにはネタニヤフ首相が作ったベエルシェバというサイバー研究・開発の拠点があります。同じものを作ったらどうでしょうか。もちろん、反自衛隊、反日米同盟で軍事研究を許さないといって頑張っている日本学術会議の息のかかった国立大学や国立研究所とは完全に切り離した形で運用するのが前提です。やりたいと思う研究者に出てきてもらい、思いきり予算をつけたらいいと思います。

第3章　自衛隊は準備できているか

岩田　では次に、自衛隊が台湾有事に対する備えがあるかどうかについて。これは武居さんからお願いします。

武居　私見では、準備不足な点が五つほどあります。

まず、「基盤的防衛力整備」をうたった51防衛大綱（1976年）の時からずっと引きずっていることなんですが、具体的な有事シナリオに基づく所要防衛力の分析をしてこなかったので、実際の戦争が起こったらどれだけの防衛力が必要か、どんな技術開発をしなければいけないかが分かりにくかったことです。

第二に、中国との間で武力衝突が起こることを前提にした所要防衛力の分析が行われていないこと。今まで中国を前面に出した分析というのはおそらく政治的に禁じられてきたんだと思いますが、防衛省は苦肉の策として北朝鮮を理由にして対中国用の防衛力整備をしてきたので、中国に向ける矛先が尖っていない。つまり、日本の防衛にとって本来必要なものが準備できていない。

3番目は、やはり防衛費の不足です。1991年から約20年続いた経済の低迷期において、防衛費は頭打ちになるか前年度割れする事態が続きました。上向いたのは第2次安倍政権になってからです。その間、防衛力は量を減らして浮いた予算で新しい装備を導入する縮小再生産を繰り返してきた。規模が小さくなって、更にそれを小さくして、機能だけは維持してきた。つまり、タコが自分の手足を食いながら生きながらえてきたというのが実情です。研究開発費も十分ないので自主開発は進まず、最新装備はいよいよ輸入に頼るようになっている。国内企業は防衛産業から逃げていきますし、維持整備に充当できる予算は今もって少なく装備品の稼働率も下がっている。飛べない飛行機から部品を取ってきて飛べる飛行機に付け替えるというようなことが日常的に行われていますが、これが艦艇にも広がっている。

4番目がグレーゾーンにおける自衛隊の活動の根拠となる法整備が遅れていること。中国は台湾海峡危機にアメリカをいかにして介入させないかということを戦略の第一に立てていますので、ハイブリッド戦などグレーゾーンにおける作戦を中心にやろうとしている。しかし、我が国の法制度は、白か黒か、平時か戦争かという立て付けになっているので、グレーゾーンにおける権限を自衛隊に十分に与えていない。国民保護、特定公共施設の使用など、グレーゾーンにおける米軍支援に不可欠な制度が対応できていない分野もある。すぐに政治が武力攻撃事態か予測事態とすれば良いのでしょうが、やはり戦争未満のグレーゾーンが続く前提で法制度は検証されるべきです。

最後、5番目は予備自衛官の問題です。今回、台湾のシナリオを作っていて、改めて台湾ってすごいなと思ったのは、当局が非常事態を宣言すると約30万人の予備役が動員されて第一線に就くことです。日本には予備自衛官の制度はありますが、予備役じゃないですね。いざ戦おうとしたならば、予備役を充実させておかないと長い戦いはできないと思うんです。今はいい機会なので、予備自衛官を見直して予備役化する時代がすでに来ていると私は思っています。

尾上　今、武居さんがおっしゃられたことと、ほとんど同意見です。少し補足すると、これは岩田陸幕長が全力で取り組まれた話だと思いますが、与那国島に陸自の沿岸監視隊が新設され、宮古島、石垣島にも拠点を作ろうとしている。航空自衛隊も那覇にF-15の部隊を1個追加配備して、E-2C早期警戒機も常駐させた。南西方面重視に切り替えてから短い期間に、装備はかなり充実してきています。もちろん、まだまだ不十分ですが、態勢整備には時間も金もかかるので、あるべき姿を見据えてこつこつやっていくしかありません。

なかなか進まないのは、自衛隊の中にも問題はあるし、自衛隊を取り巻く環境にも問題はあります。一つは、武居さんがおっしゃられた話とも関係しますが、基盤的防衛力構想の後遺症がいまだに残っていることです。軍が必ずやるネットアセスメント（総合戦略評価）、相手の軍事力を見積もってこちらとぶつけた時に、実際にどれくらいの能力が不足するのかという質的、量的な分析ですが、これが定着してこなかった。能力評価という形でやろうとはしているが、それにはノウハウも必要です。アメリカ国防総省で40年も総合評価局長を務めた戦略家、アンドリュー・マーシャルのような本物のエキスパートも、自衛隊の中には育ってきていない。

もう一つは、今の防衛計画の大綱に戦略と防衛力整備計画の両方の性格を持たせているため、特に戦略として機能していないことです。防衛計画の大綱は次の国家安全保障戦略を作る時には廃止し、本来あるべき国防戦略と軍事戦略をつくり、ネットアセスメントでそれを評価する。その上で、それに付随する中期防衛力整備計画で戦力の整備計画を作っていく、という体系に変えていくべきだと思います。自衛隊は現在の体制でのセオリー・オブ・ビクトリー（任務達成の戦略）を考えなければいけませんが、将来的な態勢整備に適した戦略と計画の体系を国家として整えることが必要です。

自衛隊の範疇を超える問題というのは、軍事をめぐるインフラ整備の部分です。これには地方自治体の協力や地元住民のサポートが不可欠ですが、ずいぶん痛い目を見ています。沖縄の基地反対運動とか、イージス・アショアの失敗だとか。制度的に地方自治体の権限が強すぎるのではないかということを、松川るい元防衛大臣政務官も指摘されていますが、国の一番大事な安全保障に関して地方自治体が拒否権を持つということの是非も考えておかなければいけない。

これと関連して、世論戦の問題がある。とりわけ沖縄ですけれども、新しい部隊整備だとかアメリカの地上発射型中距離ミサイルの配備とかいう話は、世論戦、情報戦の格好のテーマになります。沖縄は間違いなく、そういう世論戦、情報操作、誘導工作の最前線になっていますので、そういった観点からも自衛隊の準備を促進するような戦略的メッセージの発信に政府は真剣に取り組むべきだと思います。

南西重視戦略の不十分な点

岩田　中国対応に向けて大きく舵を切った平成25年の国家安全保障戦略、25防衛大綱、26中期防においては、南西諸島防衛を強化するためできる限りのことをやりました。しかし、まだまだ不十分なことがたくさん残っていると思っています。

一つは運用組織の問題です。南西諸島防衛においては、多くの離島において陸海空の統合、日米の共同作戦を遂行することが極めて重要です。それは宇宙やサイバー・電磁波戦も考慮しながら、そして平時からの離島の住民避難や台湾からの邦人救出にも同時並行的に配慮しながら、実行しなければなりません。その際、中央での統合の指揮組織、そして離島の現場での統合の指揮組織は全ての作戦の成否を握る司令塔となります。しかし、現状でこの指揮を確実に実行できる司令部は未だに設立されていません。平成23年の東日本大震災当時から指摘されているにもかかわらずです。

第二に、防衛体制上の問題です。今回のシミュレーションでも、与那国に工作員の侵入があって、戦わないうちに中国に取られ、独立宣言をされていた、という想定がありましたが、戦車も火砲もない状態でいいのか考える必要がある。南西諸島全体でも、配備されているのは警備隊、地対空ミサイルと地対艦ミサイル部隊です。中国の水陸両用戦車は１０５ミリ戦車砲を搭載しています。現状、警備隊には、この水陸両用戦車に対抗できる能力は限定されています。また、防衛力整備上の構想は、情勢が緊迫した段階で、戦車・火砲を保有する北海道〜九州の部隊を南西諸島に緊急展開するというものでしたが、今回のシミュレーションでも、陸幕長役が問題提起していたように、展開には時間がかかり、間に合わない場合も想定する必要があります。また施設の抗堪化も考えなければならない。武居さんがおっしゃっていたように、短距離弾道ミサイルだけで１０００発が日本を狙っている。陸自駐屯地や空自のレーダーサイトは地点評定されています。台湾の国防軍は重要な施設は全部地下に潜らせたり、山の反斜面の中の洞窟に隠れるように準備しています。ミサイル攻撃を凌《しの》ぎ終わった後でやおら出てくるという、そういう態勢になっている。もちろん陸自もそうすべきではありましたが、様々な要因で、当時はまず駐屯地を開設することを第一とし、抗堪化は駐屯地開設後の課題として残さざるを得ませんでした。

　三つ目に台湾との連携です。与那国島から１１０㎞しか離れていない台湾の有事を受けて、自衛隊が作戦を実行しようとした時、国交がないということから、台湾と連携しようにもその枠組みさえない。シミュレーションの中でも出てきましたが、台湾空軍と航空自衛隊の間にはホットラインも連絡手段も何もない。これで最前線のパイロットや部隊に、与那国島を、石垣島をしっかり守れといっても、現場は混乱するだけです。非常にゆゆしき問題だと思っています。

尾上　南西諸島の態勢の中で、一番私が懸念しているのは作戦インフラの部分、とりわけ空港施設です。いま那覇基地に40機のF－15が配備されていますが、那覇の滑走路が民航機へのテロやミサイル攻撃等で使えなくなったら、その40機のF－15は飛べなくなります。MITの教授の論文によると、弾道ミサイル16発で嘉手納基地の滑走路を攻撃されたら、戦闘機のオペレーションが最低でも4日間できなくなると見積もられています。こういう航空戦力を発揮する基盤の脆弱性を克服する。被害を受けた時には速やかに復旧する。利用可能な滑走路をできるだけたくさん持っておく。それによって相手の攻撃目標を複数に分散させる。そういったことが非常に重要かと思います。米インド太平洋軍はその点を意識して、施設を強化したり、民間の労力を活用したりする訓練をすでに始めていて、航空自衛隊も参加しています。実際問題として、沖縄でそういうインフラ強化に地元の理解を得るのは難しいということはありますが、この点は非常に重要なポイントです。航空優勢を相手に取られたらアウトです。中国の最初のミサイル攻撃にどうやって耐えて、継続的に航空優勢を確保していくかは非常にクリティカル（重大）だと思います。

有事法制だけではハイブリッド戦に対応できない

岩田　日米共同という観点でも課題がある。海兵隊は最近、２０３０年を目標にした改革の構想「遠征前方基地作戦　ＥＡＢＯ（Expeditionary Advanced Base Operation）」を打ち出し、その役割と戦略を大きく変更しました。新たな海兵隊は、中国軍の各種火力の射程圏内にある第一列島線に踏みとどまる「圏内部隊（Stand-In Force）」となり、対艦火力という「長い槍」を備え、米海軍との密接な協力の下、中国軍の海洋進出を拒否する態勢を確立する予定です。同時に他軍種も含めた米統合軍全体の前方の「目」として、各種ドローンも活用しつつ中国が何をしているのか全て暴露し、必要があれば統合火力発揮のための目標も収集する。情勢が緊迫したら、50名から１００名のチームを、日本を含む第一列島線の島々に配備して中国の侵攻を探知し、火力を使って中国の艦隊を撃破するという戦略です。この海兵隊の戦略と日本の戦略を整合して、共に第一列島線を守る共同連携体制を確立する必要がある。

また先ほど兼原さんがおっしゃっていたようなカウンターインテリジェンスも課題です。ロシアはクリミアで、実際に併合に着手する2014年2月より前からずっとフェイクニュースを流し続けてきました。8割が本当のニュースで、残り2割の中に嘘を入れていたと聞いています。クリミアは歴史的にロシアの土地であるとかを刷り込んでいったんでしょうね。そうしたいわゆる洗脳を続け、軍事的圧力と経済封鎖で住民を脅し、最後は一見、合法的な住民投票でクリミアを非軍事的に占領した。このようなハイブリッド戦をやられたら、情報戦だけでも日本はパニックに陥るかもしれません。情報戦対応の遅れは致命的です。

さらに法理的な観点を武居さんも指摘されていましたが、同感です。04年に有事法制が改定された時、様々な法律の適用除外が認められました。森林法や海岸法等の適用除外を受け、森、河川や海岸に陣地を作ることができる。また電波法の適用除外を受け、いちいち総務省の了解をとらなくとも、任意の場所で電波を発信することができる。ただ、これらはあくまでも防衛出動が発令された有事の場合に限ります。ロシアはウクライナにおいても、軍事侵攻段階はもちろんですが、現在においても平素から電磁波戦を実施しています。自衛隊は防衛出動が下令されない限り、妨害電波を発射して相手の通信網を混乱させるような電磁波戦は実施できない。相手はグレーゾーンの段階から自由に自衛隊の電波使用を妨害できるというのにです。平素、電磁波戦を目的とした訓練において、総務省に電波使用の許可を求めても、数カ月かかるという状態と聞いており、これでは戦う前から電磁波戦で負けている。

また、今回のシミュレーションでも問題になりましたが、海底ケーブル、通信施設、発電所などの重要インフラの防備もまったく不十分です。実際に石垣島の海底ケーブルは一度、漁船か何かで切断された事実も過去にある。おそらく中国はこの事実を知っているでしょう。人工衛星を管制する地上局の所在もオープン情報なので、中国の工作員に攻撃してくれと言わんばかりですが、そこをやられれば人工衛星はコントロールできなくなります。こうした施設は、グレーゾーン段階から格好のテロ攻撃の目標となるでしょう。

現代において紛争が発生するとしたら、間違いなくグレーゾーン段階におけるハイブリッド戦になる。非軍事手段を最大限に活用し、事故を装った破壊工作により、変電所とか送電施設、通信施設や空港など、あらゆる場所が戦場になりうるのです。ある意味、国家全体の機能を巻き込む総力戦なんですよね。そういう非軍事分野も含めた「国家総力戦」の時代に、日本は準備ができていない。この点も、次の国家安全保障戦略の策定に際して対処を考えるべきです。

兼原　NSCを作った時に、国家安保戦略を作りました。従来の国防の基本方針と置き換えたんです。その時から問題だと思っているのですが、日本の国家安保戦略体系には軍事戦略が欠落しています。アメリカと同様に国家安保戦略、国防戦略、軍事戦略という体系にしようと言っていたんですよ。それで防衛大綱を国防戦略にしようとしたら防衛省から反発が出て、「法律に書いてあるから防衛大綱の名前は変えられません」と言われてしまった。私は、「でも、中身ぐらい変えようぜ」と言っていました。

防衛大綱は出自のおかしな政策文書です。防衛費増額を抑えることだけが目的の紙なので、戦車が何台とか、買い物をする防衛装備の上限が書いてあるだけです。その基礎となっている考え方が基盤的防衛力構想で、平和主義が強く出た三木内閣の産物です。あの時はアジアで日本の経済力が圧倒的だった。巨大な経済力が軍事力に向かったらかなわないということで、三木さんは平和主義ですから、仮想敵を作らずに必要最小限の防衛力整備だけを進める、ということにした。でも、極東ソ連軍は自衛隊よりはるかに強かったから、結局、三木総理のやったことはアメリカ頼りの無責任な敗北主義でした。

今では中国の経済力が日本の3倍、国防費が5倍という規模です。日本は、日米同盟を基本にしてアメリカとの役割分担も考えつつ、まずどう戦うかということを考えねばなりません。それを念頭に、中国に対抗する防衛力を構築しなければなりません。自衛が基本なのだから、相手が大きくなったら自分も防衛力を増強しなくてはなりません。

ところが、三木内閣時代から頭がなかなか切り替わらない。せっかくNSCができて国家安全保障戦略を作ったのだから、防衛大綱はやめて、どう戦う（軍事戦略）から、どういう装備が必要である（防衛戦略）という防衛の基本を記した紙を作ってくれと言い続けていましたが、私が内閣官房にいた8年間、ついに軍事戦略は出てきませんでした。実際には、ここにおられる自衛隊幹部の方々のご尽力で、平成25年、同30年大綱以降、戦い方がだいぶ透けて見えるようにはなってきましたが。

海上保安庁をどう使うか

兼原　有事に海上保安庁の船をどう使うか、という課題もあります。この問題は詰められていない。海上保安庁は、海上保安庁法25条によって軍隊としての任務を禁じられていますが、防衛出動がかかったら防衛大臣隷下に入ります。ここはよく考えないといけません。中国は日本の法律をよく知っていて、我々が動きにくいところを突いてきますから。

中国が尖閣を取りに来る場合、海警と民兵が一緒になって来るはずです。いわば海の便衣兵ですよ。戦闘に文民警察や民間人をそのまま使うのは、明らかに戦時法規違反なわけですが、中国は意に介さない。これがアメリカ軍なら、迷わず彼らに銃を向けるでしょう。でも海保はどうか。公然と領土を取られていく様子を見て、反撃もせずに見ているしかないのか。当然、向こうから攻撃される可能性もある。その時の対応をどうするのか。後詰の海上自衛隊は海上警備行動が下令されたらどうするのか。民兵を撃つのか。現実的なシナリオの中で考えなければならない。

どういう対応をするにせよ、海保の船の装備は相当強くしておかないといけない。中国海警はフリゲート艦を白く塗って海警に入れたり、76ミリ砲を積んだ1万トンの巨艦を出してきたりしますから。

尾上　アメリカのコーストガード（沿岸警備隊）も台湾の海巡署（日本の海保にあたる組織）と協力しようと色々なプログラムを作っています。台湾が考える海上決戦では、台湾の海巡署と日本の海上保安庁の新鋭高速巡視船が対艦ミサイルを搭載し、中国の空母打撃群に立ち向かうといった戦い方だって考えられる。

ただ、こうした有事の際に求められる対応の大きさを海上保安庁はちゃんと分かっているのか。

武居　海上保安庁は分かっている。分かっているけれど、70年以上ずっと法執行に純化してやってきたので、それがレーゾンデートルになっている部分がある。だから、自ら変えたいとは思わないし、思っても口に出せない。

しかし、彼らは本当に心熱い人たちですから、いざという時に尖閣がむざむざと敵に取られていく様子を見たら、「退り」と言われても退かないいんじゃないかと思います。そこは政治の責任として現実的な対応を考えて欲しい。日本はポジリストの国、つまり自衛隊や治安組織に「やっていいこと」しか許さない。本当は自衛隊についてはネガリストにして、「ここで禁じられていること以外はやっていい」として、彼らにある程度行動の自由を与えるべきです。特に、今後の安全保障上の事態はグレーゾーンで続くことになりますから、白黒はっきりした事態は少ないと思います。

兼原　防衛出動がかかれば海保も隷下に入りますが、その前のグレーゾーンと言われる緊張状態の局面でも、海保と海自は現場にいて、衝突が生じれば両者が現場で混ざることになる。戦闘行為に入るかも知れない。しかも、海保は国土交通大臣の所管です。公明党の大臣が事実上の戦闘に入るような命令を出せるのでしょうか。海保には警察のSATのように訓練されている人は少ないですよ。海保の運用をどうするか次第ですが、本当に厳しい訓練もしなければならないかも知れません。

いずれにせよ、こんな細かい話まで総理大臣は普通は分かりませんから、いざ始まったら「どうするんだ?」と海上保安庁長官と自衛隊の統幕長に聞くことになる。だから、自衛隊と海保の間で、きちんと準備しておいた方がいい。

岩田　準備をして、訓練をしておかないといざという時は機能しない。

兼原　これは海保の問題だけじゃなくて、海自も同じですよ。海自の海上警備行動と海保の尖閣領海警備は同じ警察活動という話になっているので、どっちも警職法（警察官職務執行法）の武器使用条件に縛られている。だから、火器は簡単に使えない。正当防衛と緊急避難以外は相手に危害を与えるような射撃ができない。この対人危害射撃の基準は緩めるべきです。相手は戦闘員ですよ。泥棒を捕まえる話とは次元が違う。また、ここは陸上自衛隊の治安出動と同じような扱いにして、上官の命令次第で戦闘行為をやっていい、としておかないと、戦闘行為が始まったら海上自衛官がバラバラに撃てという話になって、混乱するに決まっている。対応が後手に回ってしまう。陸上自衛隊は上官命令の射撃ができますよね、治安出動になれば。

岩田　警職法準用の規定はありますが、武装工作員対応となれば必要な武器使用は可能です。

尾上　海警行動の時にそういう例外規定を作るというのはあると思いますが、突き詰めていくと、これは平時の自衛権の話になります。

兼原　国際法上は、自衛権の範疇です。しかし日本の憲法論では、スパッと警察活動に分類されるのです。だから警職法が出てくるのです。防衛出動以外の場面で、警職法の武器使用基準を緩めると、直ちに戦争になって憲法違反になるというような浮世離れしたドグマに縛られているのです。冒頭に申し上げた法律論の過剰です。グレーゾーン対応は、日本の国内法上は警察活動ですが、相手の戦闘員はそんなことはお構いなしで撃ってきますよ。

尾上　航空自衛隊の場合は対領空侵犯措置を、警察行為として実施しています。領空の外で警察権というのは法的には変な話ですが、航空保安庁というのがないので航空自衛隊が一手に、曖昧にやるということになっている。難しい判断は現場任せというのが実態です。

兼原　軍事の現場を知らない内閣法制局は頭がすごくシンプルなので、防衛出動以外は全部警察活動と言ってしまう。限りなく黒に近いグレーゾーン対応で自衛官が戦闘員と向かい合っていても、泥棒逮捕と同じ感覚で対人危害要件の非常にきつい警職法を出して自衛隊の活動を縛ってくるわけです。それじゃとても領域警備はできない。

武居　無理ですね。

兼原　だから空自も海自も全部、領域警備に出るときには、警職法の縛りを外したらいいんですよ。警察活動と言ってもピンキリです。本格的な武力行使未満の小競り合いでも、危険なものはいくらでもある。特に、相手が正規の戦闘員なら、こちらを一発で仕留めようとしてくる。胴を撃って動きを止め、次に正確に眉間を撃ち抜くのが戦闘員です。それに対応できるように武器使用基準を緩めるべく早急に立法をしなくてはなりません。

国家安全保障局はいまだ「座学」

武居　いまの話を聞いても、今回のシミュレーションに兼原さんと髙見澤（將林）さんという、ＮＳＳの当初から主要なメンバーとして参加されていたお二方に来て頂いたのは、本当に良かったと思います。一つ目のシナリオ（グレーゾーンの継続）の中で、中国の領空侵犯に当たっていた台湾の飛行機が石垣島に不時着したという事案がありました。しかし、日本と台湾の間で連絡メカニズムがない。どうするか。その時に髙見澤さんがおっしゃったのは、連絡調整の手段を欠く状態で非常時を迎えた場合には、まず国家安全保障局の間で連絡調整を行い、徐々に関係省庁を加えて拡大していくやり方もある、という提言でした。これはＮＳＳを経験された方じゃないと出てこない言葉だと思います。どの省庁が担うのかはっきりしない案件が生じた場合は国家安全保障局が引き取る。

危機管理の最後の砦は国家安全保障局なのかなと思いました。

もう一つ、この座談会の冒頭で兼原さんがおっしゃった事態認定の話。これもやはり平和安全法制を実際に揉んで作った人じゃないと出てこない見方で、こういう知見は後輩たちにつないでいく必要性があるなと思いました。ちょっと褒めすぎかもしれませんが。

兼原　ありがとうございます。褒められてうれしいです（笑）。

NSCが発足して7年経ちますが、それでもまだ座学なんですよ。アメリカやイギリスのNSCの大統領補佐官や首相補佐官というのは、墓場まで持っていくような機密作戦を大統領や首相に諮るのが仕事です。アルカイダのビン・ラーディンやイランのソレイマニの暗殺から、様々な軍事介入まで全部やっている。100年先にしか公開されないようなことを指導者と話しているわけです。日本はこれまで、そこまでシビアな現実には直面してこなかった。

日本でも国家安全保障局長というのは、安全保障における総理の盾なんですね。すべての案件が上がってくる。一番危ない案件を、自らが総理の盾となってまず下ごしらえの処理をせねばなりません。内閣には他に危機管理監がいますが、危機管理監は外交政策と軍事政策は所掌外です。対外的な危機に際しては、誰かが総理の代わりにまず全部さばいて、総理の決断事項を数点に絞り込んでから総理に上げなくちゃいけない。それが国家安全保障局長です。日本の歴代総理は、ＮＳＣなしでよくこれまでやってきたよな、と正直思います。

あとひとつ、私も内閣官房に行ってから初めて実感したんですけど、日本政府って馬鹿でかいんですよ（笑）。私は外務省しか知りませんでしたから、「こんなにでかかったのか！」という実感がありました。特に巨大なのが警察、旧自治省（現総務省）、旧建設省（現国交省）、旧厚生省（現厚労省）。山県有朋が作った旧内務省系のこれらの官庁が、未だに日本を仕切っている。その横に強力な大蔵省（現財務省）がいて、睨みを利かせている。

実力部隊がまたでかい。自衛隊25万、警察30万、消防署なんて消防隊員を入れると100万人いるんですから。海保も1万3000人います。指揮命令系統が違いますから、総理官邸がこれを統合して動かすのは至難の業です。いま台湾有事になったら、絶対にできないと思う。だから、とにかく練習することです。

関東大震災があった9月1日には、必ず全閣僚が総理官邸に集合して大規模地震災害対策演習をやっていますが、あれと同じことを有事でやったことは一度もないんですよ。パンデミックチームは、毎年20分ぐらいは演習していましたが、コロナが来たら政府の仕組みが完全に麻痺したわけです。有事については何も練習していません。国民世論が気になるなんて言い訳になりませんよ。平和ボケです。練習しなくて勝てるチームはありません。閣僚クラスの大演習を政府全体でやっておかないと、いくら法律を作ったって、有事になったら日本政府は総崩れになる。危機管理は体を動かす仕事です。座学は役に立たない。スポーツと同じです。

「野球部作りました。甲子園行けますでしょうか？」

「馬鹿か、おまえは。練習しろ、練習だ！」

現状は、そういう段階だと思うんですよ。いうまでもなく、一番練習しなくちゃいけないのは総理や閣僚です。何しろ、平均1年、2年でころころみんな変わってしまうんですから。

中国の民間グループが作った「日本への核攻撃」脅しビデオ

岩田　今回のシナリオでは、実際に戦闘にまで至ってしまったケースを想定しましたが、いうまでもなく戦闘はないに越したことはない。そもそも相手に攻撃させないためにはどうするかという視点も含めて、皆さんの考えをお聞かせください。

兼原　日本の立場は冷戦中のドイツと一緒で、「とにかく一発も撃たせるな」ということだと思います。アメリカは強いし、遠くにいますから、余裕があります。「戦争が始まっても、どこかで押し返せるんじゃないか」くらいのスタンスなんです。また、米中は核兵器国ですから全面核戦争に至ることはありません。しかし、北東アジアの戦域内でミサイルを撃ち合って、停戦になった時には台湾と沖縄・九州がぼろぼろになっていました、では困るんです。

とにかく、初めから戦争を始めさせないための体制をガチッと組む必要があって、それはかなり緊張の高い体制を作り上げるということなんです。私がいつも使う比喩ですが、カゴの中にある卵の数が少ないと揺さぶりたくなるけれど、揺さぶったら卵の山が壊れそうなほど積み上げたら誰も簡単に手出しできなくなります。今のアメリカはまだ、揺さぶっても大丈夫だろうという感じなんですが、これはすごく危険です。

さっき曖昧戦略のところでも申し上げましたけれども、もう台湾に対する曖昧戦略はやめて、核の傘をかぶせた方がいい。「台湾はアメリカにとっても核心的利益であり、手を出すと核戦争になるぞ」と宣言してしまった方がいい。その上で通常兵力を組み上げていって、エスカレーションドミナンス（事態がエスカレートしていく際の事態推移に対する支配力）を常に確保し、中国に「そろそろやめとけ」と言える能力を担保する。今のままだと、万が一の有事に際して、中国に主導権を奪われてずるずると引きずられかねない。中国から「尖閣と与那国と台湾は取ったから、もう停戦していいよ」と言われて、アメリカが呑んでしまうようなことになるくらいなら、日本も覚悟を決めて、初めから中国に無茶をやらせないような強い体制を組んで手出しできないようにしなければなりません。

アメリカはまだ、そこまで行っていない。台湾で核なんて全然考えていないし、曖昧戦略の見直しもする気はないし、外交で凌ぎながら少しずつ日米の防衛体制を強靭化していけば何とかなるんじゃないか、ぐらいの感じですよね。これで本当に大丈夫なのか、私はすごく疑問なんですけど。

尾上　バイデン大統領はNFU（No First Use：核の先制不使用）を次のNPR（Nuclear Posture Review、「核態勢の見直し」の意）で入れることを検討していましたが、同盟国の反対で見送るようです。ただし、先制不使用に近い「唯一の目的」政策（核保有の目的を敵からの核攻撃の抑止に絞る政策）についてはまだ検討中とされています。NFUにしても「唯一の目的」にしても、米国の拡大抑止の信頼性に大きく関わるので、抑止力の低下につながるような政策変更は絶対にやらない方がいい。ロシアも中国も核戦力を増強していますので、核軍縮や軍備管理は必要ですが、米国が一方的に変更するべきではない。岸田総理は核軍縮に強い信念をお持ちですが、台湾有事も念頭に米国の核抑止の再保証（Reassurance）を日本として求めて頂きたい。

２０２１年の7月に中国の「六軍韜略」という民間軍事評論グループが、日本に対する核攻撃のビデオを作って投稿しました。核実験に成功した１９６４年以来、中国はNFUを宣言していますが、そのビデオの中では「中国は今まで日本にひどい目に遭わされてきたから、日本だけは例外だ」と言っている。台湾有事に関与した瞬間に徹底的に核で日本を潰すぞという、脅しのビデオです。一度削除されてまたYouTubeに投稿されたものが今でも見られますが、中国共産党の黙認がなければこんなビデオは表に出せません。だから、そういうことを考えている中国に対し、核抑止はいかなる場合でも利いているぞということを、アメリカは台湾を含む同盟国に強くリアシュアランス（再保証）すべきである、と強く思います。それが中国に台湾攻撃をさせないための、まず必要な大前提です。

台湾有事の際の核の傘は、複雑です。アメリカが台湾を守るために核の傘をかぶせたとしても、中国が日本を台湾有事に介入させないために核の脅しをかけたら、日本の世論は腰砕けになるかも知れない。アメリカの台湾防衛作戦に参加しなければ核攻撃は受けないんだったら、参加するのはやめておこうじゃないか、と。これは通常の拡大核抑止（核の傘）の理念とは、また別の側面です。日本が決断を迫られる。今の日本の世論では、台湾を守るためにアメリカと一緒に軍事行動するなんてとんでもない、となるかも知れない。

だから、ここは徹底的に考えて、国民の心の準備もしておいてもらわなければなりません。いざ始まった時に腰が引けて、日米同盟がアウトになったら、日本の安全保障の手立てがなくなってしまう。だから、こういう露骨な脅しのビデオを使ったプロパガンダなどには、やはりそれを打ち消すための……。

岩田　カウンターインテリジェンス的な……。

尾上　対応をしていかないといけないと思います。こういう情報戦、グレーゾーンの戦いにおいても、抑止の理論をちゃんと踏まえて、中国に対して隙を見せない対応を日米台でしっかりやっていく必要があります。

「キルチェーン」の破壊能力を持て

武居　それをもう少し包括的に見てみると、用語が正しいかどうか分かりませんが、統合抑止戦略、包括的抑止戦略みたいなものが必要になってくると思うんですね。これにはいくつか切り口があります。

防御力の観点からは、戦っても容易に勝てないと思わせるような防衛態勢を取る。拒否的抑止力の観点からは、ミサイル防衛力の向上とか、中国の攻撃拠点を破壊する能力を持つ。あるいは、後で説明しますが、キルチェーン（目標の探知・識別から攻撃・破壊するまでの一連の機能のつながり）を破壊する能力を持つ。懲罰的抑止の観点からは、敵国のリーダーシップを攻撃できるような能力を持つ。中距離の極超音速ミサイルというのは、この抑止力になると思います。

それから情報戦の観点で、相手の認知領域に「勝てない」と刷り込むような情報戦を行う。経済安保の観点で、武力行使に訴えれば立ち直れないほどの経済的損失が生じると相手に思わせるほど、同盟国の経済的な強靭性や非代替性を強化する。おそらく軍事の面だけでやっていてはだめで、情報戦から経済安保、防衛戦略まで包括して、アメリカの拡大抑止を取り込んだ統合抑止戦略、包括的抑止戦略が必要になると思います。こういう時代ですから、これが新しい国家安全保障戦略に盛り込まれることを期待しています。

さきほど言った「キルチェーン」というのはアメリカの戦略コミュニティでよく使われる言葉です。我が国では、抑止力の議論になると策源地攻撃能力、敵基地攻撃能力を持つか持たないかという議論が出てきて、相手の国内まで届く射程の対地攻撃ミサイルの保有は是か非かというところで議論が停止してしまいます。策源地攻撃能力というのは、北朝鮮の弾道ミサイルがクローズアップされてからずっと、1998年から国会の場で議論されてきましたが、いつも専守防衛との整合性が議論になって、また離島防衛と絡めば中国への配慮が働いてしまい、論議が腰砕けになっているのが現状です。

今、中国がどのようなミサイルを持って、日本を狙っているか。先ほど申し上げた、合計1600発の準中距離と短距離の弾道ミサイルすべてがTEL（発射台付き車両）から発射されるとすると、準中距離と短距離でそれぞれ250基ずつの合計500基のTELがあるので、理論上は総計500発のミサイルが一度に日本を狙えることになります。この全部の位置を把握して無力化することは、事実上不可能です。しかも、移動式ですから弾道ミサイルや巡航ミサイルで遠方から攻撃しようとしても、その間に目標は位置を変えてしまう。

しかし、この策源地攻撃能力を持つかどうかという議論は、座して死を待たないためにはどうすればいいのかというところから発していますので、攻撃対象は必ずしも弾道ミサイルじゃなくていい。指揮統制中枢でもいいし、司令部でもいいし、場合によっては日本の総理官邸にあたる敵のリーダーシップでもいいわけです。その中で私は我が国のキルチェーンという考え方、これを図表にまとめてみましたが（次頁の図表参照）、このキルチェーンの破壊というのを真剣に考えるべきだと思っています。

例えばこの図表は左側に中国が我が国をミサイル攻撃する場合のキルチェーンをまとめましたが、上から下に向かって、攻撃する目標を捜索、探知してから位置を極限し追尾する。それから司令部が目標の割当や指示を出して、プラットフォームはその指示に基づいてミサイルを発射し、最後にミサイルが目標に向かって飛んで行く。中国はその

中国の偵察－攻撃複合体に対する対処能力(キルチェーンの破壊)

<table>
<tr><th colspan="2">中国のKill Chain(偵察－攻撃複合体)</th><th colspan="2">日本のKill Chain(中国の各機能の破壊)</th></tr>
<tr><td>捜索探知</td><td>偵察衛星(レーダー、SIGINT、ELINT)</td><td rowspan="3">捜索探知
↓
位置極限
継続追尾
↓
攻撃割当
攻撃指示
↓
攻撃破壊</td><td rowspan="3">×宇宙状況把握システム
△早期警戒機(機数不足)
△警戒監視レーダー(J/FPS-5等)
×衛星攻撃兵器
△陸上戦闘機(攻撃レンジ不足)
×電磁波攻撃
×サイバー攻撃
×対策源地攻撃</td></tr>
<tr><td>位置極限
継続追尾</td><td>偵察衛星(レーダー、SAR)
偵察機、情報収集機
無人偵察機(UAV/USV/UUV)</td></tr>
<tr><td>攻撃割当
攻撃指示</td><td>指揮統制システム
通信衛星
北斗衛星測位システム</td></tr>
<tr><td rowspan="7">攻撃破壊</td><td rowspan="3">プラットフォーム
•地上発射装置
•爆撃機
•水上戦闘艦艇
•潜水艦</td><td>捜索探知
↓
位置極限
↓
継続追尾</td><td>×地上目標監視能力
×海洋状況把握システム
△早期警戒衛星(基数不足)
×衛星コンステレーション(水上目標探知)
△早期警戒機(機数不足)
×無人ISR機(UAV、USV、UUV)</td></tr>
<tr><td>攻撃割当
攻撃指示</td><td>×(統合作戦システムなし)</td></tr>
<tr><td>攻撃破壊</td><td>△陸上戦闘機(JSM、レンジ不足)
○陸上戦闘機(AAM)
○対潜水艦能力
×～△水上艦SAM(レンジ不足)
×サイバー攻撃</td></tr>
<tr><td rowspan="4">攻撃武器
•対地弾道ミサイル
•対艦弾道ミサイル
•対地巡航ミサイル
•対艦巡航ミサイル
•(極超音速滑空体)
•無人攻撃機(UAV、USV)</td><td>捜索探知</td><td>○警戒監視レーダー(J/FPS-5等)</td></tr>
<tr><td>位置極限
継続追尾</td><td>×衛星コンステレーション(ミサイル追尾)
○自動警戒監視組織 JADGE</td></tr>
<tr><td>攻撃割当
攻撃指示</td><td>×艦載AEW機
△水上艦センサー(レンジ不足)</td></tr>
<tr><td>攻撃破壊</td><td>対地弾道／巡航ミサイル対処
△地上配備BMD(迎撃能力、広域対処不可)
△地上配備SAM(〃)
△イージスBMD(迎撃能力不足)
対艦弾道／巡航ミサイル対処
△イージスBMD(迎撃能力不足)
×～△水上艦SAM(レンジ不足)
無人攻撃機等対処
×地上・水上:SWARM対処能力不足</td></tr>
</table>

全ての機能が揃っています。我が国はそれに対応する能力をどれだけ持っているかというと、◯の付いてるところが持ってる、△はかろうじて持ってる。一目瞭然ですが、現有の機能はスカスカですね。

相手のキルチェーンを途中で切ってしまえば、以後の機能につながらないので、これを切るような形で防衛能力を強化してもいいと思うのです。例えば敵の捜索探知から攻撃割当に関しては、宇宙状況把握システムで偵察衛星や通信衛星の位置を把握しサイバー攻撃、電磁波攻撃によって混乱させるとか。プラットフォームを破壊するためには地上目標の監視能力を持つとか、あるいは衛星コンステレーション（複数の人工衛星を協調して動作させる運用方式）を持って水上艦艇の追尾機能を強化するとか。×が付いてるところはみんな我が国にあってしかるべきですが現状は持っていない能力です。

この能力は、みんな専守防衛の枠内で持てます。いま我々が考えているのは敵のキルチェーンの最後、飛んできたミサイルの弾頭を破壊するエンドゲームのところだけなんです。敵プラットフォームの破壊にしては最も不十分で、爆撃機や潜水艦には対応できますが、地上目標を破壊できる巡航ミサイルのＪＳＭはあっても戦闘機のレンジが不足し、何よりも、陸上目標を捜索する能力はほとんどありません。この図で◯が付いてるところばかり虫食い的にやって全体を見ていないので、議論が変なところに行ってしまい、いつまでたっても防御するためのキルチェーンがつながらない。つまり、敵のキルチェーンを破壊するという観点から自衛隊の装備体系を考え直して、欠落している能力を持つようにしていけば、そもそも攻撃されないためにはどうすればいいか、抑止するには何が必要かという問いに対する一つの回答になるんじゃないかなと私は思います。

今は議論が余りにも敵基地攻撃能力に矮小化されて、ミサイル攻撃にはミサイル攻撃だという議論に偏ってしまっているので、包括的な視点で考え直したらどうか、と思っています。

是非はともかく、中距離ミサイル持ち込みの議論はやっておく

岩田　武居さんが言ったような包括的抑止の観点、また尾上さんが先ほど言ったような日米一体化の見せつけは、極めて大事だと思います。アメリカを取り込んでいくための手段はたくさんあると思うんですよね。

その一つは、シミュレーションの中でもありましたが、アメリカの中距離ミサイル持

ち込みの議論を平素からしておくことです。おそらく平素から持ち込むというよりも、情勢が緊迫したら持ち込むというのが現実的かなとは思うんですが、これは平素から議論しておかなければ有事での持ち込みなどできないでしょう。いざという時はやるよ、ということを国民のコンセンサスにしておいて、それが中国に伝わることによって抑止力のラダーが上がると思うんですよね。

もう一つの手段としては、先ほどから申し上げている海兵隊総司令官バーガー大将による海兵隊のスタンドインフォースの構想である、情勢が緊迫した早い段階から第一列島線に部隊を送り込みたいという彼らの思いを受け止めて、いざという時はどこで受け入れるのかということまで調整をしておく。バーガー大将が一番困っているのは、部隊を送り込んだ後の弾薬とか燃料、あるいは移動手段の確保です。同盟国にこれを求めたいということを言っているわけで、それを平素から調整しておき、いざという時には海兵隊のスタンドインフォースが第一列島線に入り込み、陸海空の自衛隊とともに一挙に展開できる態勢を作っておく。これによっても地域に対する攻撃抑止のラダーがまた一つ上がると思います。

それから、先ほど武居さんが言った敵基地攻撃の話ですが、これは我々としてもしっかりやるべきではありますが、実態として我々が独自で持つことは不可能です。技術的、予算的、規模的にも日本独自は無理なんですよね。そうするとどうしてもアメリカと一緒になるわけで、武居さんが挙げてくれたいろんな機能の中で、日本が得意とするところ、例えばスタンドオフミサイルを発展させた攻撃力や人工衛星による情報収集力などは日本が主体で担い、アメリカと連携して、日米共同の矛としてアメリカを取り込んだ形で敵基地攻撃能力を日本が持つという態勢になる。いろんな形でアメリカを引き込んで、日米が団結して平素からずっと調整している姿を見せることによって、抑止力が向上するのではないかと思っています。

また、アメリカとの関係以外で日本独自でできることとしては、シミュレーションにおいても、陸幕長役が防衛大臣に意見具申していましたが、早い段階から陸上自衛隊を南西諸島に展開できる体制を強化しておくことです。平素から与那国島や宮古島には部隊を配置していますが、情勢緊迫時における陸上部隊の南西諸島への緊急展開を可能にしておかなければならない。早い段階から南西諸島の各島に陸自部隊を入れることによって、日本は完全にこの地域の守りを固めているというメッセージを発信することが、極めて大きな抑止力になると思っています。

持つべき手段の優先順位

武居　ここは岩田さんと意見が違うかもしれないですけど、先ほど尾上さんが言った制空権、制海権を取る能力を持つのと、策源地攻撃能力を持つことの両方ができればそれに越したことはありません。しかし、両方はできない、議論が煮詰まらないということなら、空域海域の支配権を持つほうを優先してやってもいいんじゃないか、と思っています。中国が欲しいのは東シナ海の制海権と制空権です。例えばサイバー攻撃もそうですし、相手のセンサー群を攻撃する能力を持つとか、対レーダーミサイルを持つとか。策源地攻撃能力を持てれば完璧なんでしょうけど、議論が止まって動かないなら、優先順位をつけた方がいいかと思います。

岩田　敵基地攻撃能力、策源地攻撃能力を持つには、まず情報収集力が要りますよね。相手のミサイル能力や、指揮をする司令部の施設と系統を調べることと、通信を傍受する通信施設も必要でしょう。

それから発射した瞬間の早期警戒衛星。それを受けて我々が攻撃するための、飛び道具としてのミサイルやロケット。敵の防空網を破壊するための攻撃力。攻撃が成功したかどうかを評価する偵察評価機能。それらすべてをコントロールする司令部と部隊と指揮通信システム。これら全部そろわないと敵基地攻撃が完成しない。しかし日本独自ではできないので、日米共同でやるべきです。先ほども述べたけれども日本が技術力を保有する分野で貢献すればいいと思います。機能分担と言ってもいい。

武居　要するにキルチェーンの真ん中、敵プラットフォーム破壊のところに集中的に予算をつけた方がいいんじゃないか、ということです。衛星コンステレーションを持てとか、早期警戒機を充実させるとか、ＩＳＲの飛行機を持てとか、統合作戦システムを持てとか、そういうようなところに。

岩田　実際の破壊能力を持つことよりも、ってことですか？

武居　不十分ですが攻撃能力は一応ありますから、同じ予算がないんだとしたら欠落しているところを埋める。そうなった場合は、実際にオペレーションを担うのは空自になると思いますが、いかがでしょう、尾上さん。

尾上　いま岩田さんが説明された敵基地攻撃能力は、従来の政府が取っている見解ですね。それが全部そろわないと敵基地攻撃能力は持ったことにはなりません、と。しかし、この話はゼロか100かではない、と思います。いま武居さんがおっしゃったように、一部の能力は既に持っていますし、その中で優先順位の高い能力、私はインテリジェンス、ISR機能がすごく重要だと思いますので、それを優先的に強化すべきだというのには賛成です。

能力の部分も、スタンドオフミサイルを敵基地攻撃に使うのか、それとも出撃してきた爆撃機や艦艇群に対して使うのかというのはインテンション、意思の問題です。従来の敵基地・策源地攻撃の議論というのは、能力の方だけ問題にして、国としての意思の部分の議論をしていない。でも、相手領土の中のこの目標を攻撃するのだという判断は、とても重要な話です。今はそれをアプリオリに「敵基地攻撃はしません」と言っているわけですが、それはまずいと私は思います。というのは、アプリオリに「しません」としていたら、敵のどこを攻撃したら一番効果的か、キルチェーンのどこを無力化すればいいのかという戦略的な発想が湧いてこないからです。ケーパビリティ（能力）の部分だけでなく、もっとインテンションの部分、意図の部分にフォーカスした議論をすべきです。

キルチェーンを考えた時に、航空優勢と策源地攻撃という話は結構連動していて、今の中国の第1波というのは必ずミサイルの Salvo Attack（一斉発射）で来る。それによって航空戦力の発揮基盤を潰されると、航空優勢が取れなくなるわけです。だから、そこをサバイバルしながら、第2波、第3波を防ぐために敵のミサイル発射基地や航空基地を何とかして無力化しなくてはならない。これはもう、敵基地攻撃そのものだと思います。そういう具体的な議論をすべきだと思います。

武居　全部自分で持つ必要もないわけですよね。ターゲティングは日米で協力してやればいいわけだから。アメリカが全てをできる時代ではないので、こっち半分、そっち半分って具合に日米で任務や役割をシェアしていく。

岩田　そのとおり、負担ではなくて分担するということだと思うんですよね。アメリカが矛で日本が盾であるという基本的な役割を検討する中で、矛の部分でも日本の技術がないと敵基地攻撃が成り立たないぐらいに分担度を増やす、というやり方も考えられます。思いやり予算という分野よりも、技術的・装備的な分野に集中して予算を出す方が、日米協力に「実質」が伴います。

尾上　米軍が今、一番懸念してるのは、Long Range Precision Strike Capability（長射程精密打撃力）の不足です。中国1600発のミサイルに対して、日本はゼロですから。猫の手も借りたいぐらい、正確に攻撃できる火力をアメリカは必要としている。それは自衛隊にも期待されています。

アメリカ、台湾と意思の統一を

尾上　インテンションの話に戻ると、アメリカは「俺たちの言うことを聞いてくれ」となると思う。自衛隊が勝手に攻撃して、事態がエスカレートしてしまったらまずいわけで。アメリカが日本の敵基地攻撃能力保持に対して若干の懸念を抱いているのは、そういう部分がどうしてもあるからです。そこは事前にしっかりと詰めておかなくてはならない。

それをもう少し発展させると、台湾ともインテンションの統一を図っておく必要がある。台湾は今、自分たちを守るための軍事戦略を悩みながら作っている最中です。航空優勢を継続的に維持してどうサバイバルするか。彼らが開発しているミサイルのクラウドピーク（雲峯）は１０００㎞以上の射程がありますから、中国内陸部の策源地も攻撃できる。かなりの数を持っているはずですが、教えてくれない。国家機密だから当然ですが、それをどういう段階でどう使うかは、日本とアメリカと台湾であらかじめきちんと調整しておかないといけない部分です。共同作戦計画で一番重要なポイントは、そういった細かい詰めの部分です。

岩田　米ランド研究所のジェフリー・ホーナン氏が2021年9月に「War on the Rocks」に論文を投稿しているんですが、まさにこのテーマを扱っていて、研究者の立場ではありますが、米国の視点から自衛隊の敵基地攻撃に関しては三つの課題があるとしています。

第一に、「中国のミサイル基地を念頭においた自衛隊の打撃能力の配備は中国の（核に関する）戦略的な計算に影響を及ぼす。米国側と事前に調整することなくしては（中略）容認しがたい」。配備に際しては必ずアメリカ側との事前調整、連携が必要である、ということです。核への戦略的なエスカレーションをもたらしかねない自衛隊の作戦が、アメリカの同意のないままなされるのは困る、と。

二つ目は、「中国の広大な国土を踏まえると、作戦情報の収集には、自衛隊独自のサイバー、長射程評定レーダー、センサー、衛星等の能力整備が不可欠であるところ、日本の防衛予算が劇的に増加しないのであれば、他の重要な防衛力整備を圧迫する恐れがある」。つまり、予算がネックとなってなかなか進まないだろう、と。

三つ目が、「日米間で事前に十分な協議をしない限り、打撃作戦の目標について両国でコンセンサスを得ることは難しい。どこまで事前高価値目標を打撃する意思があるのかということに関し、日米の意思決定者の齟齬が問題になる」と、攻撃目標に至るまで綿密な事前の詰めが必要だと言っている。もちろん、敵基地攻撃能力を日本自身では持てないため、日米共同で持つべしと先ほど述べたが、その場合でも、米国との綿密な事前調整なくしては、持てないということなんだと思う。仮に持てたとして、日本がある目標を攻撃したいと要望しても、日米の意思に差異があった場合は、日本の思うようには攻撃できないということも念頭に置く必要がある。

武居　この議論が難しいのは、台湾海峡危機で台湾をどうするかという問題と、尖閣や先島諸島に中国が来た時の我が国防衛をどうするかという問題の、性質が違う問題が二つ混ざっているからです。台湾海峡危機っていうのは、二つの側面、二つの戦略を一つで扱わなければいけない。そのための意思決定が複雑化してきているということだと思っています。

岩田　全くそのとおりですね。

兼原　私たちの方が持っているアセットは、中国に比べてすごく少ないという現実があります。今、自衛隊の中距離ミサイルによる敵基地反撃の話が出てますよね。中距離ミサイルが十分に入ったとしたら、日本としては「国民を守るために使う。場合によっては敵領土内に撃ち込む」ということになると思います。米軍は協議してくれとは言うでしょうが、最後は「いいよ」と言うでしょう。むしろ、米国は台湾のことにかかりきりになっちゃうから、自分のことは自分でやってくれ、大国である日本のことまで面倒見切れないから、という感じになる。これが実際に起き得ることで、実はアメリカは日本の面倒なんて見ている余裕はなくなる。なのに、今の日本にはほとんど打撃力がない。これは許されないことだと思うんですよ。

いま、日本は初めて、「ミサイルを撃たれたら撃ち返す」ということを真剣に考え始めている。そうなれば米軍とのターゲティングの調整も始まるでしょう。米側は、まず自分たちがやるから次に撃ってくれ、とかね。アメリカは日米共同作戦の攻勢面の主導権は譲らないと思います。日本に引きずられた形で戦争するのは絶対に嫌だから。

逆に、日本もアメリカに「勝手に撃つな」と言わなければならない。特に、核／非核のデュアルユースの地対地中距離ミサイルを日本に持ち込まれたら、「勝手に核戦争を始めるな」と言う権利が日本にはある。日本はアメリカにNFU（ノー・ファースト・ユース）を同盟国に協議もなく勝手に宣言するな、と言う権利があると思いますが、逆に「勝手にファースト・ユースするな」ということも言わなければいけない。米国の核／非核両用の中距離ミサイルが持ち込まれたら、事実上の日米核戦略協議が始まります。米韓同盟でも同じことが起きます。韓国左翼は現実主義で軍拡派なので、ひょっとしたら先を越されるかもしれない。

岩田　アメリカは戦力を台湾に集中するんでしょうが、南西諸島がおろそかにならないようにするためには、アメリカがやろうとしている海兵隊のスタンドインフォースやミサイルの持ち込みなどを受け入れて、彼らの力をうまく借りるっていうのも大事だと思います。

尾上　戦いの性質としては台湾防衛と南西諸島防衛はだいぶ違いますが、戦域を考えると……。

岩田　一緒になる。

尾上　航空優勢だとか海上優勢をアメリカと一緒に取るというのが大前提になるので、打撃力をどう使うかなどはしっかり調整が必要です。この戦域で共同作戦をやる上でのコンセプトプランがまずあって、それから事態ごとのオペレーションを想定しておく。

兼原　私たちは東アジアばかり見ていますが、アメリカはおそらくハワイ、グアム、フィリピンなどの南シナ海周辺国まで含めて大きな戦域地図を描き、四方八方から相手をどう叩くかを考えていると思います。その時、南シナ海にはたぶん、豪州の船も入っているでしょう。

第4章　戦時における邦人輸送と多国間協力

岩田　有事の際に想定されるのが、尖閣、先島、台湾の3正面への対応が求められることですが、これは実際に可能なのか。3正面対応に関してのご意見、どなたからでもいいですが、お願いします。

武居　はっきり言って、海上自衛隊は3正面に同時に対応できる能力は十分ではない。それが現実です。

岩田　私が習近平であれば、尖閣を陽動作戦に使って日米の戦力を尖閣に割かせようとすると思います。そうなれば、台湾方面が有利になる。できれば軍事力を使わずに海上民兵等を使って尖閣を先に取ってしまえば、日本は対応せざるを得ない。武居さんがおっしゃったように、そこになけなしの海上自衛隊の戦力や、海上保安庁の能力を割いてしまうと、まさに中国の思う壺になるんですよね。

中国に先に尖閣に上がられて、米中が頭越しに終戦に持ち込んだ場合は、もう尖閣は国境の向こうになってしまう。絶対そうさせないために、そして戦力の股裂きをさせないためにも、私は早い段階で先に陸上自衛隊を上げておくのがいいと思います。もちろん、上陸させたあとの課題が大きい。狭い島に、対空・対海上・対着上陸戦闘機能を構築しなければいけないし、兵站支援体制も重要です。戦闘状態になった後もそこに海空自衛隊に頼んで、継続的に補給物資を運んでもらわなければ守れない。苦しいけれど、私はこれしかないなと思っている。どうでしょうか。

南西諸島には早めに自衛隊を入れよ

武居　この視点については岩田さんに全く賛成です。というか、「早い段階」は、従来考えられていたよりもさらに「早い段階」にする必要もあるかも知れません。

２０２１年に出たアメリカの議会報告と台湾の国防報告の中で、中国軍の揚陸能力に関する書き方が警戒感を高めた内容に変化してきています。20年まで、アメリカ国防総省の中国の軍事力に関する議会報告では、中国軍が伝統的な揚陸艦の艦隊ではなく、海外での活動に適した水陸両用プラットフォームを重視しているために、沖合の島々には上陸作戦はできるが大規模な揚陸を必要とする伝統的な大規模強襲揚陸戦のようなものはできないと評価していました。つまり中国軍が台湾に対して兵士の揚陸型の軍事行動を起こす能力はないと。

前回19年の台湾国防報告も同じトーンで書いていましたが、21年はどうなったかと言うと、中国は075型ヘリ搭載強襲揚陸艦（LHA）など回転翼機搭載艦隊の増強を急速に進め、また民間貨物船を動員し上陸作戦を実施すると書いている。軍民融合政策で台湾の港湾管理を行っている中国企業が動員される可能性があるとする専門家もいます。アメリカの報告書は、中国軍は十分な水陸両用能力があると評価している可能性があるとも書いています。つまり、いざとなったらヘリコプターを使って、あるいは商用貨物船を動員して主要な港湾施設を強襲して押さえ、部隊を揚陸する橋頭堡にするという見方を、米台がともに取るようになってきました。

尖閣、あるいは先島諸島を占拠しようとしたら、同じ事ができる。つまり、揚陸艦に大規模な兵力を乗っけて押し寄せてくるのではなくて、ヘリコプターや動員した民間RO-RO船（車両甲板を持つ貨物船）を使って極めて短期間で占拠してしまう。そういう奇襲的な要素が強くなっているのが今の中国だと思っています。

だから岩田さんがさっき言った、早めの探知というのが大変重要になってきていると思います。

兼原　外交的に言うと、先島は係争の種になっていない日本の領土ですから、演習をやっても全く問題ない。危機が高まってきたら、名目は演習でも情報収集でも何でもいいんですが、自衛隊を入れておかなくてはいけない。尖閣はタイミングに注意してやらないと、「日本が先に戦争を始めた」と、中国のプロパガンダの対象にされる可能性がありますし、下手をすればそれを理由に攻撃を仕掛けられて戦争が始まってしまうかも知れないので、そうなった場合の作戦も考えておく必要がある。

先島での演習は毎年やればいいんですよ。戦車などは毎年の演習に備えるという名目で現地に置いておけばいい。最前線の島を守るわけですから、装備のストックを作るのは当然だと思います。

武居　航空自衛隊にとっては戦闘機の数もそうですが、ミサイルの数はもっと重要なんでしょ？　3正面作戦にさせないためには、航空自衛隊の観点からはどうすべきとお考えですか？

尾上　空自の観点で言えば、2正面になるか3正面になるかよりは、航空優勢を所望の時期に獲得する作戦を中心にするのか、航空阻止（侵攻してくる敵の陸・海戦力の撃破）、または、陸海作戦支援のいずれを優先するのか、という話になると思います。戦力的に言うと、那覇には40機のF－15がありますので、本土から増派するF－2やF－35を加えた戦力を、航空優勢獲得作戦と航空阻止、陸海作戦支援に分配しなければいけない。となると、非常に厳しいと思います。

ミサイルの弾数はもちろん重要ですが、それよりも戦力発揮基盤が常に南西諸島のどこかにあるかどうか、ということが重要です。それがなかったら戦闘機やミサイルを持っていても役に立ちませんから。

その観点から、今回米海兵隊のF－35Bが海自の「いずも」に着艦してちゃんと使えることが検証されたのはいいニュースです。STOVL機（短距離離陸、垂直着陸が可能な飛行機）であるF－35Bが航空自衛隊に入ったら、航空基地に依存しない航空戦力発揮の基盤になるので、非常にプラスになります。

南西諸島の住民を沖縄本島に送れるか

岩田　台湾有事の際には、戦地となる台湾からの邦人帰還、それから先島諸島の住民の保護も必要となります。これは実際に可能なのか。最初にちょっと私の認識をお話ししたいと思います。

中林啓修さんという国士舘大の准教授が2018年に、南西諸島から沖縄本島まで住民を移送するのにどれくらいかかるかを研究した論文を発表しています。この論文によると宮古地域、すなわち宮古島と下地島で6万1000名がおり、これを本島に移送するのに21・5日かかる。前提は民間の交通機関で、自衛隊は使っていません。それから八重山地域、つまり石垣、西表、竹富の7万5000名の移送には、18日間かかるとしています。

ここで我々が使えるのは国民保護法という法律だけなのですが、この法律の第4条では、実施された措置への協力は国民の務めであって強制力を伴わない、としています。つまり、退去はあくまでも住民の意思ということになっていますので、強制離島はさせられない。

住民の意思に任せるとどういうことが起きるか。中林准教授は、沖縄戦のケースを検証しています。1944年の7月7日の臨時閣議において決定された島外避難を当時、県知事が勧めています。60歳以上と15歳未満、女性と病人は本土まで下がってくれと要請したんですが、沖縄戦が始まるまでの3カ月間、ほとんど住民は離島しませんでした。

沖縄本島への空襲が10月10日にあって、那覇市の大部分が消失して、これは危ないということでやっと8万人が本土と台湾に疎開した。当時の沖縄には59万人いましたから、7人に1人くらいしか出ていない。なぜ出ていかなかったのか。中林准教授によると、避難した先で本当に生活保障が受けられるのかという不安感が強かった、としています。

時代はかなり違いますが、こういった住民の認識というものを考えると、どこで、そして誰の責任で、約十数万人を受け入れるのかという問題を考えなければならない。移った先に国の保障がないと島から出ないという状況の中で、どうやって自由意思で出てもらうのか。国民保護法との関係で非常に難しい。

実は国民保護法というのは2004年の有事法制の時に併せてできたもので、もともと有事法制と一緒ですから、武力攻撃事態、武力攻撃予測事態、および大規模テロを対象とした緊急対処事態、こういった時にしか適用できない。事態認定の前に出てもらうためには災害対策基本法による避難活動を促すしかないのが現状です。こういったことを踏まえると、早い段階から自治体の首長に、住民に対する情報の投げかけをやって貰わないと有効な国民保護活動に繋がりません。しかし、秘密度の高い敵の情報を早い段階で、どこまで提供できるかはかなり難しい判断となります。

そうして住民に決意してもらっても、そこから20日以上かかります。民間の輸送力では、そうなってしまう。そこで、先ほど申し上げたように、早い段階から抑止という観点で陸上自衛隊の部隊を本土から南西地域に移送して展開させる。部隊を輸送した海自、空自の輸送艦、輸送機を引き返すときに、住民を本土に輸送する。こういう措置をとれば、それなりに避難の輸送力は上がるんじゃないかと思っています。

一方で、必ず残りたいという人が出てくる。この人たちをどうするかというのは非常に難しい問題です。中には中国の工作員が紛れ込んでいる可能性もある。これをどう排除するかという問題も出てくる。一方でライフライン、電力や通信施設や海底ケーブルの維持・補修の人や、一定数の役所の人たちは残らざるを得ないので、この人たちをどう守るかも考えなければならない。

十数万人の移送と受け入れ態勢の整備は、まさに国家的なプロジェクトとして早めにやらないとできないし、間違えたら沖縄戦の二の舞になります。これは絶対にやってはいけないと私は思っています。そういう認識を持って官邸、総務省、国交省、防衛省等関係省庁はもちろん、自治体が一体となり取り組むべきだと思っています。ご意見どうぞ。

台湾からの邦人帰還

武居　中林先生は、国民保護法自体を現在の情勢に適応させて、重要影響事態などでも適用できるようにしなければいけないということを言っていましたよね。

福島の原発事故の時、避難した人たちの家に泥棒とか入っていたでしょ。同じようなことを多分、住民の人たちは恐れている。小さなことですが、そういうところまでカバーしてやらなければ、なかなか島から出て行こうとは思わない。

それから例の第一項地域、第二項地域でも、中国を相手にする時に日本全土が中国の各種ミサイルや軍用機の攻撃圏内に入りますから第一項地域、第二項地域なんて言って

いられない。だから、有事法制そのものを情勢に適応させて見直さなければいけないんじゃないかなと思うんです。注1

岩田　そのとおり。南西諸島は全部、第一項地域になりますよ。自衛隊法第103条の第1項、第2項の考え方を含めて、ここは検討し直すべきですよね。国民保護法と併せて。

尾上　国民保護法は、基本的には地方自治体の長の責任ですよね。自衛隊もお手伝いはしますけど。

岩田　おっしゃるとおり。自衛隊が忙しい時は「できません」で、法律の体系的にはそれでいいんですよ。でも、それでは済まない。

尾上　もちろんそうですが、武居さんがご指摘されたような、住民の立場から見た時の逃げるべきか逃げないべきか、逃げたあとどうなるのだろうかといったことは、自衛隊で解決できる話ではない。そこは沖縄県と国がしっかり話し合わなければいけない問題だと思います。

また先島諸島の住民だけでなく、台湾からも同じタイミングでNEO（非戦闘員の退避）が動き出します。そうすると、物理的な輸送力の問題として、本当に動かせるのかという点をすごく疑問に思っています。

中林さんの見積もりでは20日間ぐらいでしたが、アメリカがカブールから撤退した時、8月15日から30日までのオペレーションで11万6700人を運んでいます。C－17という大型輸送機とかCRAF（Civilian Reserve Air Fleet）という制度を使って、アメリカの民間航空輸送力も全力投入しました。史上最大の evacuation airlift だと空軍長官は言ってますが、それをやってようやく11万です。

航空輸送力だけではなく、先ほど言われた敵方の要員や危険人物のスクリーニングの話だとか、一度避難民を降ろして宿泊待機させ、最終的に受け入れ国へ移すという本当

注1　自衛隊法第百三条第一項では、防衛出動が命ぜられた部隊が行動する地域（第一項地域）において、自衛隊の任務遂行上必要があると認められる場合に、都道府県知事は、防衛大臣等の要請に基づき、病院、診療所等の施設を管理し、土地、家屋、物資等を使用し、物資の生産、集荷、販売、配給、保管若しくは輸送を業とする者に対してその取り扱う物資の保管を命じ、又はこれらの物資を収用することができる、とされている。

また、自衛隊法第百三条第二項では、防衛出動中の部隊が活動する地域以外の地域（第二項地域）においても、都道府県知事は、防衛大臣等の要請に基づき、自衛隊の任務遂行上特に必要があると認めるときは、防衛大臣が告示して定めた地域内に限り、施設の管理、土地等の使用若しくは物資の収用を行い、又は取扱物資の保管命令を発し、また、当該地域内にある医療、土木建築工事又は輸送を業とする者に対して、当該地域内においてこれらの者が現に従事している医療、土木建築工事又は輸送の業務と同種の業務で防衛大臣又は政令で定める者が指定したものに従事することを命ずることができる、とされている。

にグローバルなオペレーションになるわけです。自衛隊もアフター・アクション・レビューはやっていますが、それと同等のことを考えないと、今言われた人数を先島から本島に輸送するというのは、私は難しいのではと思います。

武居　本当にそれ、提言の中にも入っていたとおり一回図上でやってみて、試してみてモデル化して、それからどんどん応用していくっていう準備をやらないといけないでしょうね。さっき言ったシェルターでも、福岡ドームのような大きな施設を使う必要があるという話があるように。一回やってみないと分からない。

岩田　台湾の在留邦人が2万5000名。プラス旅行者がいますが、台湾からの邦人輸送が必要になるのは、先島島民の避難と全く同じ時期なんですよね。おそらくそうなるし、そういう時期に一緒にやらないと多分間に合わない。尾上さんの言ったとおりで。

アフガンの撤退の話ですが、私もちょっと調べたら、アメリカ上院の軍事委員会公聴会で9月28日、オースティン国防長官とミリー大将が議員たちに詳しく説明しています。

かいつまんで言いますと、まずアフガン撤退作戦の最初の省庁間高級幹部の図上演習（TTX）を5月8日にやっています。オースティン国防長官ほか関係者が全部入っている。これが実際のオペレーション開始のだいたい3カ月前。

で、2カ月前の6月11日に統合参謀本部が主催して省庁間TTXをやっています。この時も関係省庁の高級当局者が全部入ってきて、主要職員の優先順位付けと序列付け、大使館閉鎖のための緊急事態、中継拠点の所在地、避難者の仕分けと選別、NEO発動要件などを含む数多くの重要事項を明確化したとミリーが答えています。

直前の8月6日にはさらに省庁間高級幹部TTXの3回目をやって、急速に悪化する治安状況の中でどうやってNEOをやるかという想定をやったそうです。

結果的に彼らがやったNEO作戦は、最終的に米軍による387ソーティ（ソーティは「軍事ユニットによる移送」の意）、主体はC－17でした。それから米軍以外による輸送が391ソーティ。これら空路輸送のみによって、12万4000名を退避させています。これを単純計算すると1ソーティは約160名です。

結局、C－17を使っても1回160名。我々がやろうとしたらC－130ですから、1回80名ぐらいですかね。

尾上　100人弱ですね。

岩田　だから空自のC－130で実施すると米軍の倍くらいの回数が必要となる。仮に2万5000名をC－130の輸送力100名で運んだとすると、最低250回は必要となるだろうが、それだけの回数、台湾の空港に着陸できるか、機数を確保できるか不透明です。台湾からの避難者には、多国籍の在留者約80万人がいるので、まさに米軍を中心とする多国籍軍による輸送作戦となるでしょう。この作戦がうまく機能するよう、米軍との調整を事前に実施しておくことが重要と思います。

またここでポイントなのは、アフガンからの救出作戦を実行するために約6000人の米軍部隊を送り込んでいることです。輸送機だけ持っていったのでは救出はできません。12万人を輸送するために約6000人の支援部隊の事前展開が必要だということです。もちろんアフガンの治安状況と台湾は違いますが、逆に台湾は中国からの侵攻を食い止めるための防衛作戦を準備中で、他国の避難民の支援どころではないかもしれない。

全員の救出は事実上不可能

岩田　もう一つ大事なのは、アフガンからアメリカ本土に輸送するまでに、26カ所の一時避難所を設置したとミリー統合参謀本部議長が答えていることです。避難所の運営や、事前の部隊配備などを台湾に適用すると、非常に多くの外務省職員、陸空自衛隊の隊員を台湾に派遣して空港周辺に配置して業務させないと救出できないと思います。

非常に大掛かりな作戦になる。繰り返しますが、同時に約十数万人の先島諸島の人たちの避難も実施しなければいけない。

率直に言って、これは不可能でしょう。航空自衛隊の今の輸送力を完全に超えている。だからアメリカに頼らざるを得ませんが、アメリカに頼るといっても彼らも自国の国民の退避をしなければなりませんから、結局2番目、3番目にならざるを得ないんですよね。

冒頭申し上げた中国在留邦人11万人の救出も絶対に無理です。これも繰り返しますが、私はものすごい危機意識を持っています。

兼原　台湾からの邦人退避をやるとなったら、これは政府全体の仕事になります。NEOは在外邦人保護ですから、所管は外務省なんですね。アメリカは国務省になります。これをやるとなったら、まず日米外交当局間の合意が必要で、それに加えて台湾当局の協力がないとダメなんですよ。自衛隊が来るから邦人は台湾のこの場所に集まってくれ、とか。そういうアレンジを台湾とやらなくちゃいけません。また、やる時にはアメリカが自衛隊にアメリカ人を乗せてくれっていうんですよ、必ず。逆もまた真です。彼らは日本かフィリピンを中継地点にして米本土に帰っていくので、日本が米国人のトランジットを助けるって言わないと、米軍は日本人を乗っけてくれません。日米双方で自国民が数万人いるので、まず間違いなく、日米で一緒に運ぼうって言われますよね。

実はこれ、朝鮮有事における韓国からのNEOということで考えてみたことがあるのですが、米国は当然、韓国からいったん日本に出るという想定であり、トランジットの時に1~2泊するからよろしくねって言われちゃうわけですよ。具体的に言うと、まずは福岡空港に降ります、と。次に、どこに泊まるんですか、という話になるんですよね。公民館開けろとかですね。こうなると結局、総務省、警察、国交省、財務省など全政府的な支援が必要です。この辺の学校の体育館を使わせてくれませんか、とかそんな話をするんですよ。泊めてやって、バス出してやって、送り返して。彼らはハワイから本土に帰りますので。日本がそれやるなら、アメリカの軍艦に台湾から退避する日本人も乗っていいよっていう話になるんです。

あと、乗せる時のスクリーニングが要ります。中で爆弾をボンってやる輩がいるかもしれないですよね。だから乗せる時のスクリーニングはどうするかっていう話がありま す。また情勢が緊迫していると、輸送船の横に軍艦の護衛をつける必要があります。この辺のことを全部考えなくちゃいけません。これを防衛省と自衛隊だけでやれっていうのは絶対無理です。官邸で危機管理を担当する事態室が、全省庁を集めて、政府の持てる力を全部出せと命令し、指揮をとりながら総合調整をしなくてはいけません。まだできていないと思いますけど。

先島は外国が絡まないので、日本だけでオペレーションはできる。ただ先島の場合は別の問題がある。台湾にいる日本人は、生活基盤は日本にあるんですよ。先島の人を移送するとなると、彼らの生活基盤がなくなる。規模が桁違いにでかい。寝る所、食う所、お医者さんのお世話とか、一括して丸々持ってこなくちゃいけないんです。しかも、最低数カ月はかかるでしょう。財政的には数百億、数千億かかるでしょうが、出すことはできるでしょう。むしろ、実際のオペレーションが心配です。粗々の計画を作って練習しておかなければ、いざという時に政府は動きません。

岩田　特定の地域のホテルを全部借り切ってそこに入ってもらう、とか。

兼原　やればできますよ。ただ、準備が始まると外野がうるさくなるので、腹をくくって、静かに進めておかなければなりません。これには政治家の決断が必要です。コロナの経験って結構効いたんです。「指導力がない指導者は危機には倒れる」という雰囲気が国民の間に出てきました。危機には強いリーダーが必要です。

軍事的に頼れるのはアメリカとオーストラリアだけ

岩田　戦時に多国間枠組みをどう活用するかという観点では、何が考えられるでしょうか。

兼原　外交で多数派を組んで引っ張っていくという話と、いざ戦いが始まった時に誰と一緒に戦うのかというのは別の次元の話です。町内会で、最近、暴力団が迷惑だから町内会で一緒に集まって考えようよ、という時には全員が集まるけれど、いざ対面で文句を言いに行くぞとなったら「じゃあ会長どうぞ」って言われてしまう。みんな怖いですからね。これがＦＯＩＰ（自由で開かれたインド太平洋）とＱＵＡＤ（日米豪印の戦略的連携）の違いです。ＦＯＩＰは町内会、ＱＵＡＤは夜警隊です。

岩田　なるほど。うまい説明ですね（笑）。

兼原　ＱＵＡＤも、非同盟のインドは実際に戦争になったら多分来ない。なので結局、日米豪しかないんです。

ちょっと比喩的に言うと、ロシアは番長になりたい国で、中国は学級委員になりたい国なんですね。ロシアは「何と言われても最後は武力だ」と考えるけれど、中国は「みんなに尊敬されたい」と思っているから、「あなた嫌われていますよ」って言われると結構こたえる。だから、外交によってＦＯＩＰの支持者を増やしていくのはすごく大事ですし、特に国力の大きいヨーロッパ勢を味方につけなければなりません。

ただ、実際の戦闘となったら日米豪しかいない。北東アジアでのアメリカの出城は日本だけです。韓国はいろいろ言い訳をして逃げるでしょう。アメリカは結構大まかな国なので、最後は勝つにしても、台湾有事が始まってしまい、途中で日本が中国から痛い目にあうことはあり得る。だから日本が一番真剣にならなくちゃいけない。

武居　欧州諸国とは、人権とか法の支配、自由、民主主義という理念は我々と共有していますが、事態がエスカレートして武力の応酬となった時、彼らが実際に兵力を太平洋まで派遣してくるかというと、その可能性は低いと思います。

テロとの戦いは例外として、歴史的に見ても自分の国から遠い地域にまで兵力を出した国っていうのはなかなかないですが、オーストラリアは例外的に出しています。イギリスが参戦していたということがありますけど、第一次大戦も第二次大戦も欧州にまで兵力を派遣している。そういう国は多分、台湾で何かあっても来てくれると思っています。欧州の国々には、戦争に至らないグレーゾーンにおいて、中国の脅迫的で強圧的な外交へのカウンターとして協力してもらう。そのために必要な支援は円滑化協定（reciprocal access agreement：RAA）など二国間の取り決めに基づいて日本が提供できますし、それが現実的なところだろうと思います。

そうした国々の軍事力にどれだけ期待するかということですが、多国間協力の象徴として継続したプレゼンスを見せて貰う、たとえば多国間協力の象徴として継続した軍事的なプレゼンスや国連安保理決議の実効化措置への参加といった戦争ではない軍事活動（non-war military activity：NWMA）への参加を求めていく。これはもっぱらグレーゾーンにおいて行われるので、そうすると欧州の国々も兵力をこちらに派遣してくれるかも知れないと思います。Hot war について派遣してくれるのを期待するのは現実的ではない。

尾上　Hot war に関してはアメリカとオーストラリアぐらいしか真剣に戦ってくれないというのはそのとおりだと思いますが、台湾はどうなのか。台湾の防衛体制は実際のところ、どこまで真剣にやっているのかという懸念が、アメリカの中にもある。

従来の台湾の Overall Defense Concept が、２０２１年度の国防白書では All Out Defense

という概念に変わり、予備役もリザーブも全部動員するための省庁を新しく作ると蔡総統は発表しています。これは外からの批判に対して、「台湾も真剣にやっています」ということを見せる部分もあると思います。

アメリカと日本の協議の中に、必ず台湾も入ってこないといけない。日本の台湾との関係は規制要因が非常に多いので、台湾防衛のための台湾との協議にはアメリカに噛んでもらう必要がある。Hot war のプランニングに関しては、アメリカと台湾との間に定期的な協議がありますので、そこに日本が、最初はオブザーバーでいいと思いますが、入っていくことが必要です。台湾との関係において日本がリードするのはなかなか難しいので、そこはアメリカと一緒になってやっていくのが現実的です。

一方で、グレーゾーンに関してはもっとどんどんやっていい。欧州議会の議員団が台湾に行ったり、日本からも議員団が行って話したりしています。アメリカも訪問する閣僚のレベルを徐々に上げたり、軍用機で訪問したり、蔡総統と会って写真を撮って広報することも行っています。そういう台湾を中心にした欧米諸国、日本との連帯感をできるだけ目に見える形にしていくことが、中国の台湾に関するリスクもコストも高めることになり、抑止力となっていくと思います。

相手を追い詰めるのではなく、インクルーシブなメッセージを出す

尾上　ただし、中国を研究している人たちは、「習近平は、政権が安定していたら台湾に Hot war なんて仕掛けない。そんなにリスクが高すぎることはやらない。逆に権力基盤が弱くなってきて国内の批判が高まってきたら、一発逆転を狙ってやる可能性はある」と言っています。だから、何でもかんでも強くしていけばいいということではなくて、状況を見ながらさじ加減を調整する必要はあると思います。

岩田　窮鼠猫を嚙むまで追い詰めちゃいけない、と。

兼原　外交の方から見ると、優れた戦略的コミュニケーションの一番の目的は、世界史を演出することなんですよね。大西洋憲章なんか、世界最高の戦略的コミュニケーションですよ。戦後、大西洋憲章の考え方に従って、国連ができてＩＭＦやＧＡＴＴ（現ＷＴＯ）ができたわけでしょ。人類社会の未来像をバーンと打ち出して、自分たちはこの正義のために戦っているんだって言い続けることはすごく大事です。日本人は武士だから黙って戦いがちなんですが、国際社会ではそれではダメなんです。正しいと思うこと

はずーっと言い続けてないといけません。

相手を追い詰めるんじゃなくて、包摂的なメッセージを発すればいいんですよ。なかなか実現しないと分かっていても「王道政治の伝統のある中国はいつか独裁を捨てて自由主義へと変わるはずだ」と言い続けるとかね。もちろん防衛力整備は、それはそれとしてきちんとやっておかねばなりませんが。

第1次安倍政権の時は難産だったQUADも、中国が巨大化したせいで昨今、劇的に成功しました。ヨーロッパの中国観もだいぶ変わってきている。まず英仏が変わって、ドイツもようやく変わって、ブリュッセルの欧州委員会も変わった。ソ連に苦しめられた東欧の国々、チェコとかスロバキアとかリトアニアといったところは、中国の本質に感づいている。イタリアは一帯一路に取り込まれちゃっていて、なかなか変わらないけど。

世界中の価値観を同じくする国々に目配りをして、国の大小にかかわらず大事にして、「国際社会という町内会の主流は私たちで、一方的に力を振るう暴力団はあんたたちだ」という絵をちゃんと描き続けることがとても大事です。

岩田　おっしゃるとおりですね。

シミュレーションの中でもありましたけども、FONOPsへの参加とか、ミサイル持ち込みの事前協議とか、やっぱり平素から議論して、速やかにそれを了解できる体制にもっていかなきゃいけない。有事が来てから判断するのではなくて、アメリカの先を行くくらいの姿勢が必要だと思います。先ほど言いましたが、海兵隊がスタンドインフォースを第一列島線の内側で展開したいと考えているなら、日本はそれを次の戦略に受け入れて、その準備を整えておく。我々から積極的にアメリカの戦略を受け入れて誘導するっていうのは、アメリカをリードする意味で重要だと思っています。

それから日米台の連携ですけども、皆さんおっしゃっているように、台湾と直接の調整がなかなかできないなか、アメリカを使って日米台の連携のための対話を実行に移すことが必要と思っています。米国に誘われた形にしてハワイでやれば、北京からクレームが来ても、「日米会合として米国からの要請に応えたら、そこに台湾が居た」とすればいい。

あと、台湾に対する武器輸出とまではいかなくても、アメリカ経由で我々が台湾に必要なものを供与する枠組みを作ったら、台湾は助かると思います。装備品移転の枠組みのようなものが出来れば理想的です。これも政治決断さえあればできることだと思っています。ただ、企業の視点から見れば、これが中国に分かった段階で、その企業に対する報復が予測されますから、この報復を覚悟して装備移転に踏み切る企業は少ないと思います。政府としての何らかの支援策が必要となるでしょう。

もう一つ、アメリカとかオーストラリアがこの地域で作戦をする時は、南シナ海にも戦力を割くでしょう。戦域が東シナ海、南西諸島、台湾、南シナ海と分かれたら、アメリカは猫の手も借りたい。その時、アメリカに台湾、南西諸島、東シナ海に戦力を集中してもらうには、南シナ海はオーストラリアとかイギリス、フランスに任せられたら理想でしょう。フランスは、この地域に200万人の住民を有し、7000人以上の兵力を配備していると聞いています。戦力の分散は極力避けるべきですので、このあたりもうまく連携していくべきと考えています。

どうやってアメリカとの共同作戦計画をつくるか

武居　前回のガイドラインというのは、日本が言い出して見直したわけですよね。今度ガイドラインを見直す時に、同じようにオーストラリアとかQUADとか全部リードするような内容を加えていけばいい。国家安全保障戦略もそうです。

兼原　今度はシナリオベースで、本当のところ、台湾有事はどうなるんだっていうところまで話を詰めて、日米ガイドラインの改定に入るんだと思います。それ、やらなくてはいけないんですよ。アメリカ人って考えながら走る人たちなので、こっちがワーワー言うと、結構、言うとおりに曲がってくれることもある。

尾上　アメリカは、自分たちの計画を作って、これでやるのでついてくるならついてこいという感じです。米韓同盟は連合軍ですから、完全に韓国軍を指揮する体制で計画を作ります。ＮＡＴＯもコミットしています。そこが日米同盟のほかと比べて弱いところです。一緒に共同作戦計画を作ろうと言っても、アメリカは教えてくれない。ここを乗り越えるためには工夫が要ると思っていて、私が考える案は三つある。

案1は、アメリカが既に保有している台湾防衛の作戦計画を開示してもらい、日本が共同計画を作成する。２００6年5月のワシントンポスト紙に、米軍の作戦計画「５０７７」の記事が出ましたが、恐らくアップデートした計画を米軍は持っていると思います。

案2は、日本の自衛隊は韓国軍と同じように連合軍と仮定することをアメリカに提案する。それで自衛隊が組み込まれた作戦計画をアメリカ側が作り、日本に開示する。日本側はそれをベースに議論して最終的な共同計画を米国と調整する。

案3は、日米独自に共同計画を作って、お互いに交換をして協議する。理論上、この三つしか多分やり方はない。今まではこうした方法論すら議論されていないと思いますので、憲法改正ではないけど、まず手続き論からやってみたらどうか、と。

当然、日本側としてはまず、「米軍の今ある計画に基づいて共同計画を作ろう、だから開示して欲しい」と言うべきですが。

岩田　過去に、朝鮮半島有事における日米共同作戦計画を作った時は、どちらかというと案3でした。案2はないでしょう。案1は主体性がない。我々は南西諸島防衛が最も重要だから、それを主体にした日本独自の作戦計画が第一義です。それをベースにして、米海兵隊等との連携等を含め南西諸島防衛に米国の戦力をどう引き込むかを日米で調整する。その上で、台湾防衛を主体に動く米軍をどう支援するかを調整し、共同作戦計画を策定する。もちろん、台湾からの邦人輸送も、この共同作戦計画に含ませることが重要です。

武居　僕は案1に近いんじゃないかなと思う。台湾防衛について日本は責任持てないでしょ。アメリカの台湾防衛の計画に日本が乗ることをまず考えないといけない。だから案1なんですけど、そうじゃないという岩田さんの意見も分かるので、1と3の間ぐらい。

尾上　共同の計画をシェアすることが大事だとはみな思っている。でも、思っているだけでは実現しない。だから、こういうふうにやろうじゃないかと働きかけていかないとダメなので。

武居　その通りですが、それってどこの仕事になるの？　NSS？

兼原　NSSでしょうね。最高指揮官は総理なので、日米の2＋2会合（外相・防衛相会合）に一回上げて方針を決め、NSCの4大臣会合で総理指示を出して、防衛省・自衛隊に指示を出せばできますよ。

なんだかんだ言いながら、アメリカから見ると、自衛隊っておそらくこの地域の味方の中では最強の軍隊なんですよ。だけど、自分の手に自分で勝手に手錠をかけて動きにくくしているように見える。あんなに強いのにどうして自分で手錠をかけてんだ、戦争になったら死んでしまうぞ、と思いながらずっと不思議そうに自衛隊を見てきたわけです。やっと平和安全法制で手錠を外したので、存立危機事態にでもなれば、ちょいとお手伝いしましょうかって言うと、米国のモードが本気モードに変わるはずです。

台湾人がＮＹＴに出した広告のインパクト

武居　台湾との関係を強化するということで言えば経済安全保障、台湾と日本の経済的な不可分性をとにかく高めていくことだと思います。

日本は日米安全保障体制の下で、アメリカとの共同関係を深めることで抑止力を確保しています。日本と台湾の間は実務外交だけですから、経済的なものしかない。軍事・外交的な手段に限界があるのなら、その部分を強くするしかありません。ＴＳＭＣが来てくれるのも一つですが、先ほど兼原さんがおっしゃったような経済安保のための最先端研究機関を作って、半導体など最先端技術分野に強い台湾との連携を強める。半導体のファウンドリーが圧倒的に強いのは台湾ですから、日台のサプライチェーンも強化して、経済的な観点からの抑止力を高めたらいいと思うんですよ。台湾との経済的不可分性を高めたら、日本に差しかけられているアメリカの核の傘は事実上、台湾のほうにも延長されるのではないかなと思うんです。

尾上　ＣＰＴＰＰ（アジア太平洋地域における経済連携協定）に中国と台湾が今、入りたいと言っています。国際的なルールに従い、そのルールをみんなで守っていこうとしているのはどちらなのか、これまでの実績で約束はするのに守らないのはどちらか、証明するいい機会です。目に見える形での台湾に対する支援は、どんどん進めていくべきだと思います。

最初に話をした、認知領域の部分も非常に重要です。２０２０年の4月、ＷＨＯのテドロス事務局長が中国寄りだと強く非難されたことがありますが、この時にテドロスさんが台湾から人種差別を受けているというフェイクニュースが中国から流された。それに対して21歳の台湾の女子医学留学生がイギリスから動画投稿サイトで反論して、それが何百万回と再生された。こうしたパワーはやはり侮れない。

台湾の若者が、クラウドファンディングを使って「ニューヨーク・タイムズ」に全面広告を出してもいます。印象的な白黒のデザインで Who can help? という問いが記されていて、下の方に Taiwan と出ている。Who は WHO とのダブルミーニングで、誰が助けられるのか。ＷＨＯから台湾は排除されているけど、防疫政策の優等生の台湾は皆さんの手助けができますよ、というメッセージが、洗練された形でさりげなく伝えられている。これも、ものすごくインパクトがありました。

こういう認知領域での戦いを、日本も全面的に支援していく。価値観を共有していることを見せるのが、支援として有効です。

もう一つは、見せない支援。内緒でやれることをどんどんやっていく。それこそ色々な情報共有などです。例えば樂山の上にPAVE PAWSという大きなレーダーがあります。これは中国からのミサイル発射を最初に探知するレーダーになるはずで、アメリカのBMD（弾道ミサイル防衛）の中でも極めて重要な位置付けにあるし、我々のディフェンスにも関係する。そういったものに関して、必要があったら情報共有しましょうと提案していくわけです。その代わり我々が持っている航跡情報だとか、中国の軍事活動に関する情報などを提供して共有していきましょうと。あまりおおっぴらにしない、そういう内緒でできるようなところはどんどんやっていくべきだと思います。

武居　その通り。完全に賛成です。

尾上　ありがとうございます。

兼原　日本は台湾に対して、短期間の観光であれば20年ぐらい前にビザをやめたんですよね。それから日本に年間300万人ぐらい台湾人が毎年入ってくるようになったんですよ。また、台湾はWTOにも入っているので、貿易に関する条約は結べるんですよね。APECも入っています。だからCPTPPも入れたらいい。WHOにも入れてやったらいいと思います。

さきほど尾上さんが言っていた認知領域の部分ですが、戦略的コミュニケーション能力が日本は異様に低い。外務省も自衛隊も不言実行で黙々と仕事をやろうとしていて、戦略的コミュニケーションの発想が少ないです。陰徳は報われるという東洋の美徳がありすぎる。統幕の報道官、防衛省内局の防衛政策局、外務省の総合外交政策局、NSCなどが、平時、有事の対外的な日本のイメージづくりについて、いつも話し合っていないとダメです。こうした組織が官邸の報道官組織と一体になって、「こういう時はこういうメッセージだよね」ってやっていかないといけないんですけど、残念ながら、そういう風には機能していない。

また、情報の発信の仕方ですよね。SNSとかいろんな手段がありますが、政府自身じゃなくて、シンクタンクなどの民間組織に発信してもらうというやり方もあります。アメリカではシンクタンクにお金をつけて、研究発表という形で学者に盛んに発信させている。単調で無味乾燥な政府広報ではなく、幅広い意見を発信するので、かえって信頼されている。日本はこの辺の仕組みも弱いんですよね。

中国は機械的にやってます。アフリカ諸国に対しても「安倍の靖国訪問はけしからん」みたいなことを一生懸命に言うわけです。すごいお金をかけて、全世界的規模で一斉に動く。宣伝部と統一工作部の予算は、たぶん数兆円あると思います。

戦前の日本陸軍は、蔣介石の宣伝戦に完敗しました。日中戦争での日本軍の悪評は世界に満ちました。虚偽のニュースをばらまくのは卑怯だと言っても始まりません。戦争では宣伝戦で負ける方が悪いのです。これからの日本は戦略的コミュニケーションを本気でやらないといけない。こういう宣伝活動を担う人は、戦略的というか、色々なことを柔軟に考える人じゃないといけません。

「中国は脅威である」と正しく認識せよ

岩田　安全保障の基本は「何から何を守るのか」をはっきりさせておくことです。中国は脅威であるという認識をちゃんと持たないと、やっぱり本気の安全保障政策が前に進まないと思います。防衛白書に書けない、政策文書には書けないというのでは、やっぱり本気にならない。改めて、中国は脅威であるという認識を持った上で次に進むべきだと。

尾上　実は、「防衛白書の中での台湾に関する扱いがあまりに小さすぎて他人事だ」というようなことを私はある本で書いたのですが、この間、防衛白書の執筆を担当する白書室に呼ばれて、「令和3年度はわざわざ台湾の章を設けて書きました。どういうふうに思われますか」と聞かれました。「それは良くやった。もっともっとやるべきだ」と言っておきました。

武居　結構、影響力あるねえ。

兼原　親中派と言われる今のシニアな政治家、二階俊博元自民党幹事長とか福田康夫元総理のような人たちは、ロシアが敵だった時に中国をこちら側に引き剝がした様子を見てきている。それが当時の戦略的要請でした。しかも戦争の贖罪意識もあった。それはそれで70年代、80年代は正しかったんですけども、当時と今とでは日中間の力の差が大きすぎる。あの頃は東西の横綱がアメリカとソ連、関脇が日本、中国は前頭筆頭ですよ。今の中国は東の正横綱です。その東の横綱が、今や尖閣と台湾を狙ってるわけでしょう。日本の対中戦略を完全に切り替える必要がある。

経済は半分つながっているので、わざわざ喧嘩する必要はないけれど、これだけ国力に差がつくと、外交、安全保障をうまくやらないと中国に屈服させられるというくらいに頭を切り替えていかなくちゃいけないと思います。日本の対中戦略がどういうものか、はっきり物を言った方がいい。こちらが何を言おうが言うまいが、彼らは軍拡を続けるわけですから。

岩田　長時間の議論、有難うございました。

「国防は国民の意識以上には高まらない」と言われます。国民の多くが危機意識を振起され、国民の代表たる国会議員がその危機意識を安全保障政策に具現化することを切に願い、対談を終わりたいと思います。

（2021年11月11日　日本戦略研究フォーラムにて）

岩田清文　1957年生まれ。元陸将、陸上幕僚長。
武居智久　1957年生まれ。元海将、海上幕僚長。
尾上定正　1959年生まれ。元空将、航空自衛隊補給本部長。
兼原信克　1959年生まれ。元内閣官房副長官補、
国家安全保障局次長。

Ⓢ新潮新書

951

自衛隊《じえいたい》最高幹部《さいこうかんぶ》が語《かた》る台湾有事《たいわんゆうじ》

著　者　岩田《いわた》清文《きよふみ》　武居《たけい》智久《ともひさ》　尾上《おうえ》定正《さだまさ》　兼原《かねはら》信克《のぶかつ》

2022年 5月20日　発行

発行者　佐　藤　隆　信

発行所　株式会社新潮社

〒162-8711　東京都新宿区矢来町71番地
編集部 (03)3266-5430　読者係 (03)3266-5111
https://www.shinchosha.co.jp

装幀　新潮社装幀室
組版　新潮社デジタル編集支援室
地図・図版製作　株式会社アトリエ・プラン
印刷所　株式会社光邦
製本所　株式会社大進堂

ISBN978-4-10-610951-5　C0231

価格はカバーに表示してあります。

Ⓢ新潮新書

901
自衛隊最高幹部が語る令和の国防
岩田清文　武居智久
尾上定正　兼原信克
台湾有事は現実の懸念であり、尖閣諸島や沖縄も戦場になるかも知れない——。陸海空の自衛隊から「平成の名将」が集結、軍人の常識で語り尽くした「今そこにある危機」。

945
核兵器について、本音で話そう
太田昌克　兼原信克
高見澤將林　番匠幸一郎
日本を射程に収める核ミサイルは中朝露で計数千発。核に覆われた東アジアの現実に即した国家戦略を構想せよ！　核政策に深くコミットしてきた4人の専門家によるタブーなき論議。

913
決定版
大東亜戦争（上）
波多野澄雄　赤木完爾
川島　真　戸部良一
松元　崇
正しく「大東亜戦争」と呼称せよ——。当代最高の歴史家たちが集結、「あの戦争」の全貌を描き出す。二分冊の上巻では開戦後の戦略、米英ソ中など敵国の動向、戦時下の国民生活に迫る。

914
決定版
大東亜戦争（下）
戸部良一　赤木完爾
庄司潤一郎　川島　真
波多野澄雄　兼原信克
日増しに敗色が濃くなる中での戦争指導、終戦とその後の講和体制構築、総力戦の「遺産」と「歴史の教訓」までを詳述。当代最高の歴史家による「あの戦争」の研究、二分冊の下巻。

862
歴史の教訓
「失敗の本質」と国家戦略
兼原信克
なぜ戦前の日本は、大きな過ちを犯したのか。「官邸外交」の理論的主柱として知られた元外交官が、近代日本の来歴を独自の視点で振り返り、これからの国家戦略の全貌を示す。

新潮新書

934
官邸は今日も間違える
千正康裕
アベノマスクに一律給付金、接触アプリのトラブル。現場に混乱を生み、国民の信頼を損なう政策はなぜ生まれるのか。元厚労省キャリアがもつれた糸を解きほぐす。

933
ヒトの壁
養老孟司
コロナ禍、死の淵をのぞいた自身の心筋梗塞、愛猫まるの死――自らをヒトという生物であると実感した2年間の体験から導かれた思考とは。84歳の知性が考え抜いた、究極の人間論！

930
最強脳
『スマホ脳』ハンセン先生の特別授業
アンデシュ・ハンセン
久山葉子訳
コロナ禍で増えた運動不足、心に負荷を抱える子供たち――低下した成績や集中力、記憶力を取り戻すには？　教育大国スウェーデンで導入された、親子で読む「脳力強化バイブル」上陸。

927
中国「国恥地図」の謎を解く
譚璐美
中国が列強に奪われた領土、すなわち「中国の恥」を描いた「国恥地図」。実物を入手した筆者は、日本に繋がる不審な記述に気がついた。執念の調査で、領土的野望の起源が明らかに。

924
世界の知性が語る「特別な日本」
会田弘継
近現代日本は世界にとって如何なる存在だったのか。リー・クアンユー、李登輝、オルハン・パムクらにインタビューし、「日本の達成」に対する彼らの特別な思いに迫る。

Ⓢ新潮新書

922
ビートルズ
北中正和
グループ解散から半世紀たっても、時代、世代を越えて支持され続けるビートルズ。音楽評論の第一人者が、彼ら自身と楽曲群の地理的、歴史的ルーツを探りながら、その秘密に迫る。

921
アホか。
百田尚樹
政治家の呆れる言動、メディアの欺瞞から、犯罪者の奇想まで。想像の斜め上をいく出来事に、ベストセラー作家も思わずツッコまずにはいられない！　笑いと義憤に満ちた92のアホ事件簿。

920
甲子園は通過点です
勝利至上主義と決別した男たち
氏原英明
「メジャーリーグを目指しているので、頑張るのはこの試合じゃない」。球数制限、科学的トレーニング、丸坊主廃止など、将来を見据えて新たな取り組みを始めた当事者たちの姿を追う。

919
中国「見えない侵略」を可視化する
読売新聞取材班
「千人計画」の罠、留学生による知的財産収集――いま中国が狙うのが「軍事アレルギー」の根強い日本が持つ重要技術の数々だ。経済安全保障を揺るがす専制主義国家の脅威を、総力取材。

917
日本大空襲「実行犯」の告白
なぜ46万人は殺されたのか
鈴木冬悠人
第二次大戦末期。敗色濃厚の日本に対して、なぜ徹底的な爆撃がなされたのか。半世紀ぶりに発掘された米将校246人、300時間の肉声テープが語る「日本大空襲」の驚くべき真相。

Ⓢ新潮新書

871
恥ずかしい人たち
中川淳一郎

態度がエラそう過ぎるオッサン、言い訳する能力もない政治家、〝義憤〟に駆られた「リベラル」「保守」。時に実名を挙げ、時に自らを省みながら綴った「壮絶にダメな大人」図鑑！

861
美術展の不都合な真実
古賀 太

入場前から大行列、一瞬だけ見る「屈指の名画」、お土産ショップへ強制入場――「美術展ビジネス」の裏事情を元企画者が解説。本当に観るべき展示を見極めるための必読ガイド。

859
「関ヶ原」の決算書
山本博文

天下分け目の大いくさ、東西両軍で動いた金は総額いくら？　ホントは誰が得をして、誰が損をしたのか？　『「忠臣蔵」の決算書』に続き、日本史上の大転換点をお金の面から深掘り！

856
私の考え
三浦瑠麗

「人生は一回限り。人間、迷ったら本音を言うしかない」常に冷静に、建設的に言論活動を続けてきた著者が、政治について、孤独について、人生について、誠実に向き合った思索の軌跡。

851
カズのまま死にたい
三浦知良

「現役をやめるのは死ぬとき、かも」。13年ぶりにJ1の舞台へ――。プロサッカー選手生活35年目に突入、今日をせいいっぱい生きる「キング・カズ」の、終わりなき前進の軌跡。

Ⓢ新潮新書

847
マトリ
厚労省麻薬取締官
瀬戸晴海

「俺たちは、猟犬だ！」密輸組織との熾烈な攻防、「運び屋」にされた女性の裏事情、薬物依存の家族の救済、ネット密売人の猛追……元麻薬取締部部長が初めて明かす薬物犯罪と捜査の実態。

822
憲法学の病
篠田英朗

「憲法学通説」の正体は、法的根拠のない反米イデオロギーだ！　東大法学部を頂点とする「ガラパゴス憲法学」の病理を、平和構築を専門とする国際政治学者が徹底解剖する。

820
ケーキの切れない非行少年たち
宮口幸治

認知力が弱く、「ケーキを等分に切る」ことすら出来ない――。人口の十数％いるとされる「境界知能」の人々に焦点を当て、彼らを学校・社会生活に導く超実践的なメソッドを公開する。

817
フィンランドの教育はなぜ世界一なのか
岩竹美加子

高い学力はシンプルな教育から生まれた――テストも受験も、部活も運動会も、制服もなし、教科書は置きっ放し、それでなぜ？　どうして？　その秘密、教えます。

814
皇室はなぜ世界で尊敬されるのか
西川恵

最古の歴史と皇族の人間力により、多くの国々から深い敬意を受けている皇室は、我が国最強の外交資産でもある。その本質と未来を歴史的エピソードに照らしながら考える。